BONBON CHOCOLATE

頂級食感
精品巧克力
——手作全書——

巧克力工藝師
Jade Li Chocolatier 創辦人　黎玉璽——著

Chocolate Knowledge
Origins of Chocolate
Flavor and Tasting
Bean to Bar

凝聚滋味風土、歷史、人文與技藝的璀璨結晶

現在的巧克力師，即便BONBON巧克力技法爐火純青，但認識可可豆，能確實掌握從可可豆到巧克力一切流程的人相當罕見。除了BONBON巧克力的技術或創意出類拔萃外，Jade更是少數從可可豆的品質檢驗到調溫巧克力的巧克力製作都親力親為的巧克力師。

這不單單只是因為她住在台灣南部的高雄，有機會接觸到可可豆而已。永無止盡的好奇心與想追求更好品質的熱情，才造就了她今天獨一無二的地位。市面上很少會有網羅了從可可豆的知識到BONBON巧克力技術的相關書籍。目前大多數製作BONBON巧克力的巧克力師，都只是將調溫巧克力視為一種材料，未曾深入思考過是否能有更進一步的突破。這或許只是因為他們都沒什麼機會接觸到這類情報。Jade的著作最值得嘉許的就是，可以讓製作BONBON巧克力的巧克力師了解並學習到將可可豆製作成巧克力的過程。

除此之外，她也毫不吝嗇地將自己所學傳授給大家。因此我認為是這是一本是值得推薦給想學習其技術，精進自身創作力的巧克力師的經典大作。

—— *Kanako Satsutani*

在2017年Top of Pâtissier in Asia的比賽中遇到黎老師，當時她是台灣的代表，賽事結束後彼此交換了臉書，也因時常出差工作在台灣碰面與交流。印象最深刻的是有一次在台中，晚上十點多去拜訪一家西點教室的朋友，碰巧遇到黎老師和她團隊還在廚房工作籌備巧克力書的製作以及拍攝。在競賽、互動交流過程中，黎老師的熱誠與毅力讓我敬佩，之後親手接到了她的書，書本裡的解釋以及細節，整理得特別用心，每個步驟都有很詳細的照片與解說。我相信，每一位讀者都會和我感同身受，好好享受書中的知識與用心吧。

—— *Otto Tay*

我十分開心能為黎玉璽（Jade Li）老師的新書寫推薦序。我是在台灣的巧克力大師課認識Jade的，至今已經好多年了。第一次在課堂上遇到她時，我必須承認我感覺自己並沒有太多東西可以教她，因為對於我要教的東西她已經知之甚詳。不過在課堂裡，是個讓我們在各自的專業領域中更加了解彼此的好機會。實際上，Jade在她的領域中，經驗比我資深許多，然而她總是展現出良好的學習態度，不管她所遇到的人是不是比她年輕。所謂「活到老，學到老」，她是這句話的最完美典範。我們在課堂上一起分享我們的知識和經驗，她是位無比謙遜的廚師，現今在這個領域已經很難找到這樣的人。在2019年我的一堂課中，Jade送我她的第一本書《職人精品巧克力全書》（就是您手上這本書的前身），書中對巧克力的製作方式以及資訊等細節，提供了非常棒的說明。

我想要大大的感謝Jade，分享了她的經驗及知識，並跨越了國界，這對我們的專業助益頗多。我真心相信，這本書對那些想要發掘並學習的專業人員來說，是個美麗的邀請，我希望這本新書能為讀者帶來新的啟發，讓他們得以去體驗，當有愈來愈多人投入更多熱情在他們的工藝中，這個美麗的專業所帶來的美好。

—— *Lawrence Bobo-Lawrence Cheong*

Preface

在烘焙領域工作二十多年，一路從麵包、西點蛋糕到巧克力，在業界與學界中浮浮沉沉；在不滿於現狀下不停追逐競賽來精進自己，多年比賽征戰中有多少不為人知的孤寂，在不停的嘗試與不斷複製錯誤的經驗裡，走過艱辛的路；想變強無論在哪裡都能找到方法，想要改變必須要有作為，因為做了才有可能改變。

分享、交流、傳承是產業向前驅動的重要原動力，因而孕育出這本巧克力書，後學從學理、技術與經驗竭盡己力彙集成冊，過程中趣事狀況不斷，最後能水到渠成，感謝各方的鼎力協助，更謝謝人生中每一位讓我成長進步的貴人。

將一切的美好滿懷感恩獻給天父。

CONTENTS

《目次》

CHAPTER 1

讀知識

解析巧克力的知識

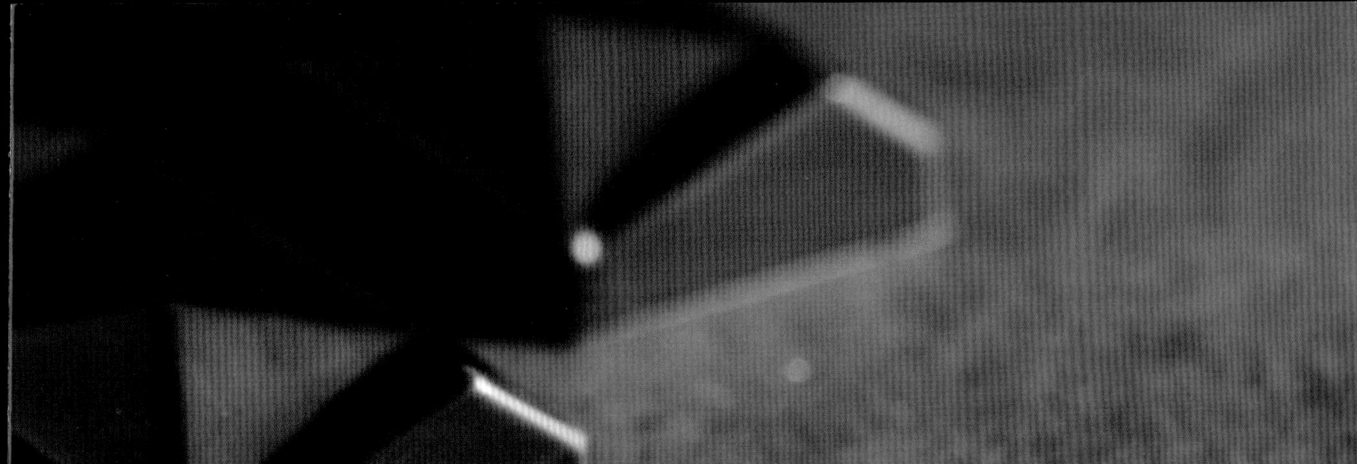

CHAPTER 2

學技法

巧克力的工藝技巧

CHAPTER 3

手藝學

精湛手藝的啟蒙味

製作之前 ————

＊ 本書使用的巧克力，皆清楚標示「黑巧克力」、「牛奶巧克力」、「白巧克力」，且皆為調溫巧克力，並標示品牌、可可含量「%」。

＊ 鮮奶油若無特別標示，就是使用乳脂含量35%的動物性鮮奶油。

＊ 奶油若無特別標示，就是使用無鹽奶油。

＊ 若標示「適量」、「少量」與「少許」可視情況斟酌使用的分量。

＊ 巧克力的調溫溫度會依巧克力的品牌而有所不同。巧克力的調溫溫度可參考包裝上的溫度標示。

CHAPTER 4

創意學

意識覺知的風土味

璀璨結晶的工藝美學

Bonbon Chocolate

小小一顆巧克力蘊藏令人驚喜的萬般滋味，
縝密工法成形的結晶裡，
凝縮著豐富深邃的風味餘韻，
打從舌尖輕觸的瞬間起，
就是一連串細膩的美味演繹…

由入口到融化的初始滋味，餘韻轉化，
可可的醇香不只伴隨化開的香氣韻致，
其中還蘊含了科學、技藝美學、感知的深知識…
循由可可風味發展的源頭，潛入巧克力的內層物質、香氣、滋味，
帶您認識可可，品味箇中「有所感」的深厚精髓。

溫度、濕度、融化…看似微小無關緊要的細節，

卻也都是決定完美巧克力的重要關鍵，

開始製作前先就可可的特性與製程瞭解，

從可可生長到成形巧克力，選別、烘焙、風選、粗磨與精煉，

到調溫、完美成形的工法，

掌握手製巧克力必須瞭若指掌的關卡變數，

讓您最終也能手製出絕美迷人的極致風味。

書中以職人思維解說巧克力的製程原理，

結合專精技術，解析成就美味細節的一切，

以初始的啟蒙滋味為本，到風土節氣的風味，

帶您探索巧克力之學的奧祕，

一窺巧克力迷人又充滿魅力的全貌。

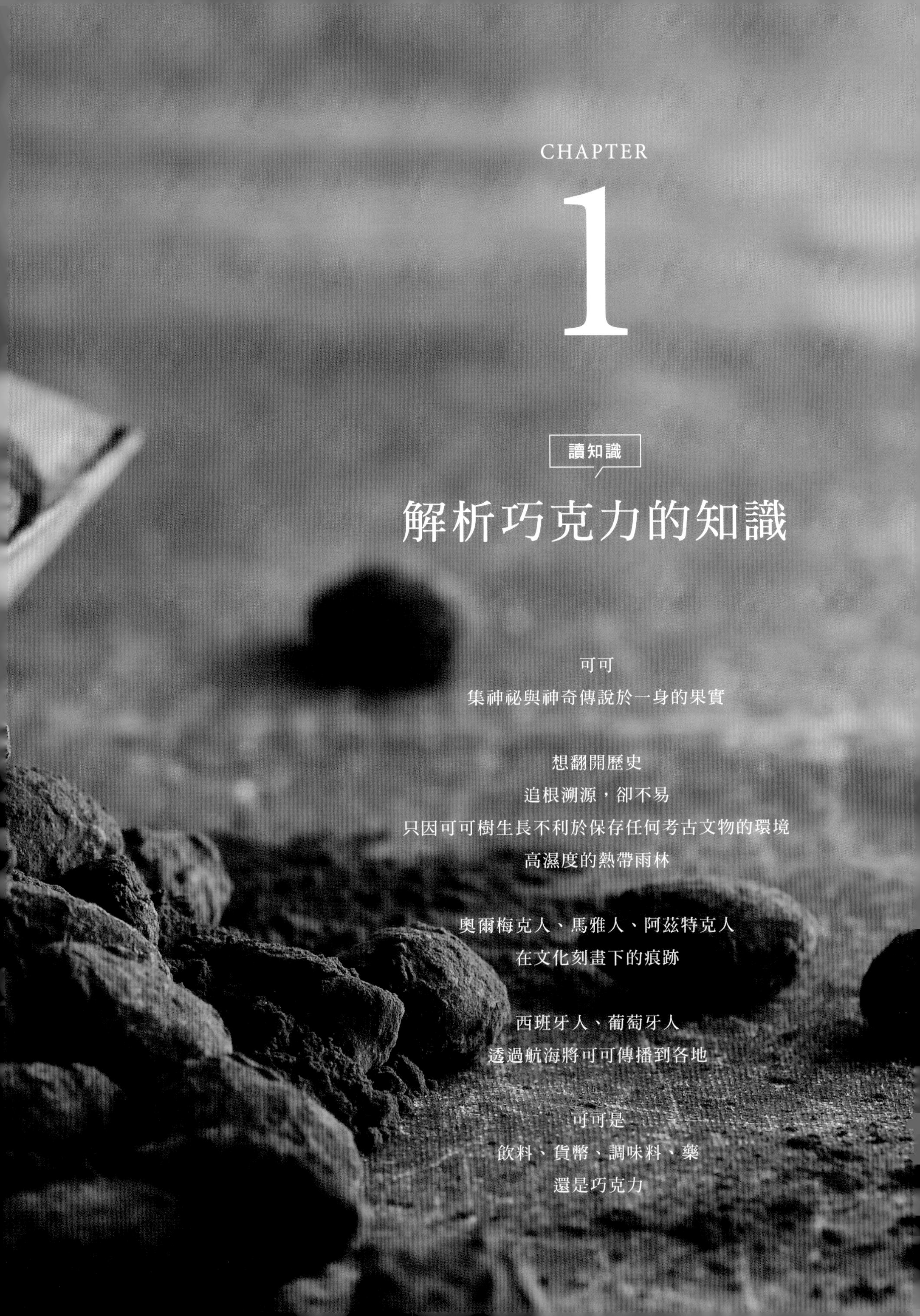

CHAPTER

1

讀知識

解析巧克力的知識

可可
集神祕與神奇傳說於一身的果實

想翻開歷史
追根溯源，卻不易
只因可可樹生長不利於保存任何考古文物的環境
高濕度的熱帶雨林

奧爾梅克人、馬雅人、阿茲特克人
在文化刻畫下的痕跡

西班牙人、葡萄牙人
透過航海將可可傳播到各地

可可是
飲料、貨幣、調味料、藥
還是巧克力

可可小檔案

中文名稱：可可樹
英文名稱：Cocoa
學名：Theobroma cacao L.
屬名：可可屬 Theobroma
科名：梧桐亞科 Sterculiaceae
目名：錦葵目 Malvaceae
門名：雙子葉植物 Dicotyledoneae
原產地：南美洲

神祕的果實「可可」

巧克力的原料來自原產於熱帶南美洲的可可樹的種子（可可豆）。

可可樹（Theobroma cacao L.）是錦葵目（Malvaceae），梧桐亞科（Sterculiaceae），可可屬（Theobroma）的熱帶常綠小喬木，英文名為Cocoa。原產於南美洲的亞馬遜河流域及委內瑞拉的奧里諾科河流域一帶，現今廣泛種植於非洲、東南亞及拉丁美洲，成為全球主要供應產地，近年來越南、馬來西亞、印度尼西亞等東南亞產地生產量也不斷增長，中國大陸及臺灣也投入可可的栽植。

可可的學名為「Theobroma cacao」，是瑞典科學家林奈（Carl von Linne）於1753年，以雙名的物種分類為其命名的。開頭的「Theobroma」為屬名，代表cacao所屬的種類，在希臘語中有「神的食物」的意涵；其次的「cacao」為種名，沿用自新大陸原住民使用的原始稱呼。

可可莢裡的種子是可可豆的前貌，未加工前的原貌狀態都稱為cacao，像是可可樹cacao tree、果莢cacao pod、可可豆仁或可可豆碎粒cacao nibs。加工處理後成液態或固態的則稱為chocolate；也有將加工成其他形態後的可可稱為cocoa，像是可可膏或可可漿cocoa mass or cocoa liquor、可可脂cocoa butter、可可粉cocoa powder、可可固形物cocoa solid。

COCOA STORY

cacao這個字是借用麥斯宙坤（Mixe-Zoquean）的文字而來的，最初發音為kakawa，而語言學家相信麥斯宙坤語言深受奧爾梅克文化影響，麥斯宙坤這語系至今依然被居住在奧爾梅克舊址的農人們使用（註1，參見P255）。

CACAO BELT

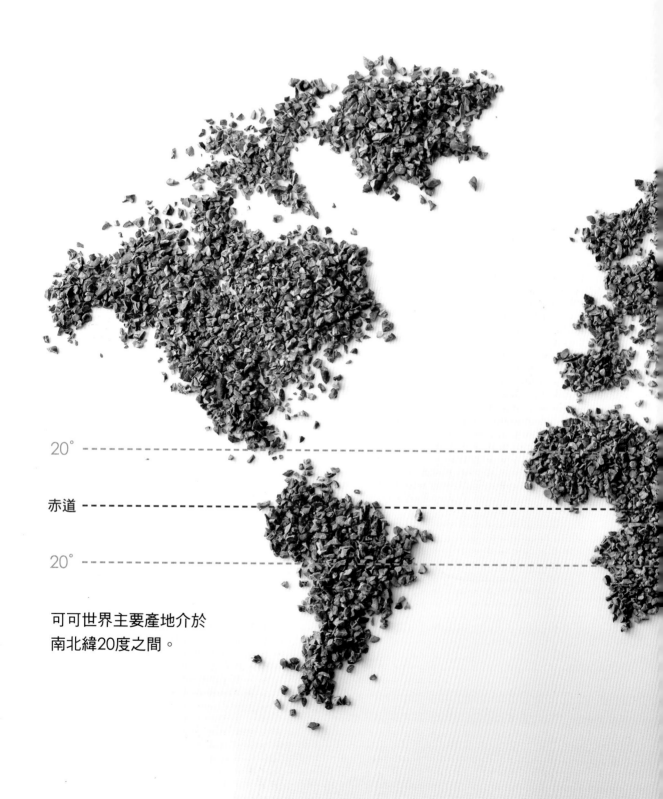

20°

赤道

20°

可可世界主要產地介於
南北緯20度之間。

可可的產區分布地帶

　　可可樹分布的主要範圍約在赤道
南、北緯20度的熱帶區域內。此區域
長年氣候炎熱,陽光日照、雨水充足,
四季無明顯變化,提供了植物物種良好
的生長條件,不只是熱帶雨林的分布地
帶,更因土地資源豐富助長可可樹的生
長,也是可可樹與其緊密依存的地帶,
也被稱為可可帶。

　　生長在可可帶內的可可樹,由於
分布地區的氣候、土壤、海拔高度、降
雨量都不相同,因此孕育產生出的可可
豆風味也有所差異,這也是成就多樣化
可可風味的原始祕密。

可可樹的生長環境

可可樹原生於熱帶雨林底層，以年平均溫度20～30℃，氣候炎熱，濕度高、年降雨量不少於1500～2500毫米，日照充足，低海拔地區（海拔高度在300公尺間），排水通暢、土壤肥沃富含腐植質的環境為適宜。

產地分布與氣候條件

可可樹對生長的環境要求嚴苛，在溫暖、潮濕、避風又半遮蔭的環境才生長得好。喜好高溫潮濕的環境，生長適溫年高溫平均在30～32℃間，年低溫平均在18～21℃間，溫度低會造成樹勢生長遲緩、衰弱。空氣濕度白天維持在100%，夜間則降至70～80%之間。需有良好充足的日照，但又要避免陽光的直射曝曬，因此多依附於其他高大樹木的樹蔭下生長，像是種植在香蕉樹、芭蕉，或檳榔樹、椰子樹這種有寬闊葉片可遮蔭、深根的樹旁（特別是幼年期的樹苗，遮蔭更是有其必要）。

年降雨量均勻分布與土壤的濕度變化，對可可產量有很大影響，一般來說空氣濕度維持在80%以上，年降雨量平均在1500～2500毫米為佳。若遇到降雨量少的乾旱季節，則應加強灌溉，維持土壤濕潤，否則缺水、冷涼乾燥的環境會致使植株生長衰弱，葉片也會因失水而褐化、乾枯捲曲脫落。至於栽植的土壤以排水佳、通氣良好、富含腐植質的壤土為宜，且要注意避免土壤受到真菌感染，或其他病蟲侵襲所引起，導致果莢的腐爛、枯萎、長黴的危害。

自然災害與病蟲害

可可樹耐遮蔭，苗期階段若有適度遮蔭可促進植株生長，也因此多依附在香蕉、椰子、

檳榔或熱帶果樹等作物間作，但間作的作物種類，必須考量經濟栽培作物與可可樹水分及養分需求問題，並避免選擇可可主要病蟲害的宿主作物種類，避免造成交互感染。

可可樹主要的危害除了來自非寄生生物（氣候、土壤、栽培技術等因素引起），如強風造成樹體傾倒、根系受損而導致枯萎，還有危害嫩枝及果實的椿象蟲害，以及經由寄生生物導致的病害，其中最嚴重危害來自粉蚧所引起的枝條瘤腫病與真菌導致的角果黑腐病。至於動物食果習性，一方面儘管會造成果實的損傷，另一方面卻也因其咬食果肉，將帶有苦澀味的種子吐出而得以散播各地，間接促進可可樹的繁衍。

可可樹的形態特性

可可樹繁殖，以種子（可可豆）繁殖較普遍，也有用枝條嫁接、或樹苗扦插。在適合環境下，可可的種子栽種5～7日就會發芽，栽植5～6個月後，才能移植到樹園栽種，約在2～3年後即會開花結果。但初期因樹體剛脫離幼年期，結出的可可果莢較不飽實，利用價值低，因此前5年種子不作商品生產利用，要到7～8年後長成茁壯樹形，生產的可可豆才具利用價值，產量也會逐年增加，直至高峰盛產約有25年豐收期，若不受病蟲害及天災影響則能維持到30年左右，此後產量逐漸銳減。

可可樹的植株平均高度約在約5～8公尺左右，樹型大的可高達15公尺。葉片互生，長橢圓形單片完全葉片，葉片寬闊，葉長可達30～40公分。生苗初期生長形態為主幹向上生長，生長至約1～1.5公尺左右，頂端即會分化出4～5枝的水平枝條，稱為輪生枝（Jorquette）。

可可樹為雌雄同株同花、花數多、花形小，不像一般植物從枝條開花，可可花簇直接叢生於主幹及成熟的老枝幹上（稱為幹生花），花朵朝下開放，以長長的花梗與樹幹相

連，花瓣白色，花萼為淡粉紅色，花苞綻放直徑約1～2公分，無氣味。可可的花不是風媒花，而是透過一種名為鋏蠓（Midge）的小昆蟲為媒介傳播授粉。一棵可可樹雖然可能開出為數可觀的花朵，但授粉率低，平均只有約1～5%花能成功授粉長成果莢（cacao pod）；加上若因樹體著生過多的果實，由於養分的供需，部分果莢在幼果期會因疏果機制，生長停止，產生轉黑、枯萎的落果現象，也常被誤認為是罹病的情況。

授粉的果莢會在授粉穩定後，約4～6個月成熟為果莢。成熟果莢外殼堅硬，外型呈橢圓莢狀，長度約在15～30公分，果莢表面有隆起凹溝稜線；果實外殼的顏色有兩種，結果初期的幼果果皮為綠色者，成熟會轉成橙綠；若結果初期的幼果果皮顏色為紫色，成熟會轉成橙紅色，並產生濃郁香味。果莢內含有被白色果肉包裹的種子約20～50顆左右，即為可可豆（cacao bean）。

成熟的果莢不會自行落果，採收後需先取出可可豆，經過發酵及曝曬等工序，才能成為具有利用價值的乾燥可可豆。倘若成熟時未採收則果莢會掛於樹上漸漸變黑轉而腐敗。

① 可可植株形態。
② 播種一個月的可可種苗。
③ 可可與檳榔、香蕉間作。
④ 掛在樹幹上的可可花。
⑤ 可可的花叢著生於主幹或較老的分枝。
⑥ 花蕊和結果後的果實。
⑦ 幼果期因養分競爭產生生理落果。
⑧ 果皮為紫色，成熟轉為橙紅色。果皮為綠色，成熟轉為橙綠色。
⑨ 受病害果實。
⑩ 可可果莢內含約20-50顆可可豆，外層包覆薄薄白色果肉。
⑪ 在種植同一批苗的可可園內可見多樣化的植株形態與果莢。

可可果實的構造

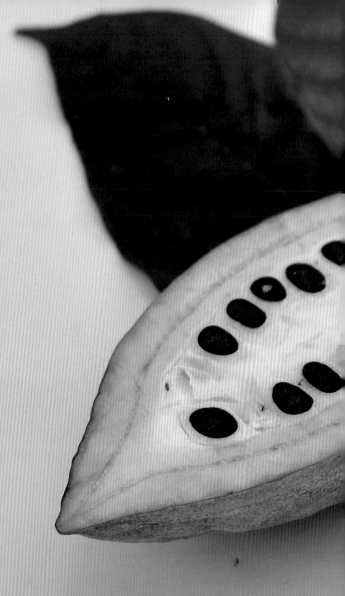

可可豆取自可可樹結成的果實裡取出的種子，這個直接從樹幹、樹枝上生長出來的果實也稱為可可果莢（cacao pod），成熟的可可果莢，顏色、大小和形狀隨著可可樹品種而有不同。橢圓狀的可可果莢裡，含有被白色膠質果肉包覆的種子（可可豆），就是用來煉製巧克力的主要原料。

可可的結構

可可果莢裡含有5行縱列的種子，裡面分布有約20～50顆被白色黏稠果肉包覆的種子（cacao bean），這層黏滑的白色果肉（cacao pulp）會在微生物的發酵作用中分解而與種子分離。每一顆種子最外面有一層厚厚堅硬的種皮，包圍著席捲的子葉（種仁）與一側的胚芽。種仁的顏色依可可豆種的不同而有淺白色到深紫色等不同差異的顏色。

可可豆的組成分

可可果莢剖開後取得的新鮮可可豆（種子）即為濕豆，還有種皮、果仁、酵素、水分等，要先經過發酵、曝曬乾燥處理，才能成為可後製烘焙的可可生豆。

新鮮可可豆的組成分為水32～39%、脂肪30～32%、蛋白質8～10%、茶多酚5～6%、澱粉4～6%、戊聚糖4～6%、纖維素2～3%、蔗糖2～3%、可可鹼1～2%、有機酸1%和咖啡因1%。（註2，參見P255）

可可生豆裡含：可可脂51.75%、澱粉質6.22%、蛋白質10.25%、其他非氮物17.56%、灰分2.67%、纖維2.61%、水分7.44%、咖啡因0.08%，以及極微量的單寧。可可豆特有的色、

香、味與所含的單寧有很大的關係，單寧的比例越小，苦澀味較弱。（註3，參見P255）

濕豆的水分含量高容易發霉腐敗，因此在發酵完成後必須進行曝曬，乾燥後不但水分降低，多酚類化合物量也會減少、苦澀味也會隨著減少消退，此時的可可生豆可利於長程運送與保存。

（乾）生豆　　　濕豆

可可果莢
Cacao Pod

種子
Cacao Bean

種仁 ——

—— 胚芽

種皮 ——

果肉
Cacao Pulp

CRIOLLO

FORASTERO

TRINITARIO

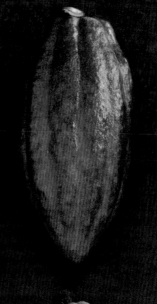

COCOA VARIETIES

Cocoa in Taiwan

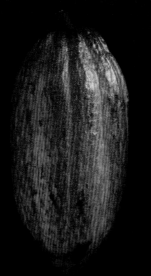

可可品種與產地

　　可可早在西元前1500年即為美洲原住民食用，歷經數千年雜交，加上海權殖民時代的拓展歷程，遷徙擴展分布各大陸，品種演變越益複雜，再加上近代農業的栽培改良，單要就外型分辨有其困難。近來隨科學技術的精進，學者們更積極探究多樣性的可可品種，藉由基因遺傳學的技術來鑑別研究可可的品種分類，而據研究顯示出的可可豆品種，除舊有認定的傳統3大分類外，還有分為4類甚至多達10類等。

可可品種特徵

　　可可果莢其顏色、大小和形狀隨可可品種而有不同。全世界栽種的可可品種，是依據果莢的外型、顏色及可可豆的色澤及香氣來分類，大致可分為Criollo（克里歐羅）、Forastero（弗拉斯特羅）及Trinitario（特里尼塔里歐）等3種類型。

Criollo（克里歐羅）

　　Criollo在西班牙的語意為當地、原生的意思。可可豆與其他品種不同，種子的子葉呈白色，味道溫和帶有堅果般的芳香，多酚含量最少，風味較不苦澀，是口感細緻的高級可可豆。此品種可可樹相當嬌弱，容易受病蟲侵害，不易栽種，全球的產地有限產量低。

Forastero（弗拉斯特羅）

　　在西班牙的語意中Foreigner有外來的意思。可可豆其子葉呈紫色，含有豐富多酚，味道強勁，苦、澀。以具有強韌的耐寒及抗病能力著稱，果實產量高，為市佔率最高的品種，佔世界總產量的80%。也因為產量多，常作為「原料豆」用於生產大眾化巧克力。

Trinitario（特里尼塔里歐）

　　Criollo與Forastero混種改良成的品種，原產地在加勒比海的千里達群島

（Trinidad）而以此命名，種子的特徵顏色介於兩者之間，兼具兩種品種的特質，是製作巧克力混豆時不可或缺的豆種。風味濃郁厚實，帶點果香味。

　　上述3種可可品種分類也是傳統栽培最為普遍採用的分類。此外，上述說的3種，加上厄瓜多爾當地品種Nacional（娜西歐娜爾），則為目前最被普及採用的4種可可品種分類。Nacional可可豆有種獨特辛香味和花香味，產量稀少，侷限產於厄瓜多爾和秘魯少量地區。Nacional（娜西歐娜爾）的果莢呈橢圓形，表面隆起的凹溝稜線較淺，果莢成熟時通常呈黃橙色，果形相較其他品種來的較大且更圓，苦澀味較低，獨特的果香風味，是生產優質巧克力的選擇之一。

○可可產地與特色履歷

型態	Criollo	Forastero	Trinitario
主產地	委內瑞拉、墨西哥與哥倫比亞等少數地方	非洲：象牙海岸、迦納東南亞：印尼、馬來西亞	加勒比海的千里達群島、哥倫比亞、東南亞
生產量	3-5% 產量稀少	80% 栽種最廣泛，產量最高	10-15% 產量居次
果莢	外型長尖、殼軟、凹凸明顯	大小如瓜，殼較堅硬、光滑渾圓	是前兩種的混種
可可豆	子葉顏色偏白，由象牙白到淺紫	子葉顏色為淺紫到深紫色	種子特徵介於前兩種之間
特色	帶獨特香氣，可可豆中的極品，產量稀少、易受蟲害	苦、澀及酸味較濃厚，產量高，生長力強，為一般巧克力原料	由前兩者混種而成，兼具兩種品種的風味及產量特點，風味濃郁，帶點果香

COCOA STORY－分類法

2008年在拉丁美洲完成了一項關於Theobroma cacao遺傳和地理分化的大型研究。Motamayor等人採集不同地理來源的1241個樣本的研究結果，將可可品種劃分為十個主要類別：Marañon、Curaray、Criollo、Iquitos、Nanay、Contamana、Amelonado、Purús、Nacional和Gulana。可以更準確地反映可可的遺傳多樣性，並能應用在病蟲防治、特色風味和提高作物產量的培育上。（註4，參見P255）
備註：1725年，西班牙殖民的千里達島（Trinidad）有栽種大量的Criollo可可樹種，但在1727年時發生某種天災病害導致大量Criollo可可樹死亡。所以人們從亞馬遜帶不同的可可樹種來栽種，再與存活下來的Criollo可可樹做混交種，而成功生產出新種稱為Trinitario。

Column

國內可可產業發展現況

　　台灣可可的栽培可追溯自1901～1910年在中南部的引進試種，不過當時僅是少量的試驗性栽種。直至1922年再從印尼爪哇引進種子試種，但礙於結果率不高，與加工技術無法突破而逐漸式微。

　　近年來檳榔產業的消退，加上政府各產業單位積極輔導檳榔園轉種其他作物，在能維持基本經濟條件下，與檳榔作物間作，造就可可產業的逐漸紮根，發展成為高屏地區新興經濟作物。2010年農糧署農情報告資訊網，針對可可樹種植面積的統計，2010年僅有屏東縣種植，2013年增加高雄與台東，目前栽種面積約200公頃，種植區域擴及屏東、高雄、台東、嘉義、南投等地，又以屏東栽種面積最大產量最多。國內目前栽培的可可大多都是以種子繁殖實生苗為主，其品種僅能依果莢及種子特徵粗略歸類。

　　直到2014年可可農民所種植的可可樹開始大量收成，但當時農民卻也因加工技術的缺乏，一度擬放棄種植可可，適屏東縣政府相關單位發現可可產業需求，於2014年辦理基礎調查，從2015～2017年辦理可可產業培力計畫，提升可可農種植、田間管理的能力與可可加工技術等，再加上近年來許多專家學者投入種植技術、種苗改良等相關研究工作，可可產業至目前發展約已達25-30家業者（註5、6，參見P255）。

　　早期可可在低成本快速取得的狀況下引進，大量的植生苗的栽培種植使得可可園區內品種繁多雜亂，致使有果莢成熟期不一致，影響採收、加工等困難度，連帶影響可可品質狀況。因此為求可可產業長期發展，首要確立出最適合栽種的品種，以生產高品質的可可豆。

可可變身巧克力的過程①——
從可可豆到巧克力

　　可可的處理過程，從採收成熟的果莢，取出果實中的可可豆，到變成可出口的產品，必須先經過發酵、乾燥等一道又一道的處理過程。而這當中的複雜過程，每個環節對孕育出巧克力的香氣與風味都深具意義，因此這裡就可可豆的初步加工開始介紹，從可可豆如何變身美味的巧克力。

可可豆的加工階段

1. 可可果莢採收（Harvesting）

　　可可的採收與剖果以仰賴人力為主。果莢必須成熟才能採收處理。果莢未成熟就採收，會因果肉中糖分含量的不足，造成發酵作用失敗；相反的若是過熟採收則易導致可可果莢內發芽（即為缺陷豆）。一旦有發芽的情形豆子就不適合於發酵，因為發芽時已將豆內的養分耗盡，此時豆子所發酵出的品質也較差。

　　果莢採收時需從果梗處平整剪下，不建議以徒手拉拔的方式採摘，會造成樹皮的傷害，影響來年結果。採收後在不損傷可可豆的原則下剖果，將果莢中的果肉與種子一起取出，剩餘的果殼則可放置作為堆肥處理。

① 採收時從果梗平整剪下。
② 剖果。
③ 可可果莢堆。

2. 可可豆發酵（Fermenting）

　　從可可果莢取出的可可豆十分苦澀，必須經過發酵來改變其風味。可可豆發酵的方式主要可分為覆蓋發酵法、木箱發酵法。覆蓋發酵法，就是將果莢內的果實（果肉與種子）取出，堆疊香蕉葉上，並在堆疊的果實上方再覆蓋香蕉葉，覆蓋發酵過程中，需要掀開香蕉葉，翻動可可豆，使其發酵均勻，在非洲地區最為常用。木箱發酵法，常見有階梯式與平面式，是將果實放在木箱內發酵，通常依發酵週期翻入不同的木箱中（木箱發酵每批最少量為50kg），以利品質的控制，中南美洲、東南亞主要採取的方式。

　　可可發酵週期可分為3階段，起初為酵母菌的作用，也就是由包覆可可豆外面果肉中的糖分轉化為酒精、二氧化碳（類似釀酒的過程），此時溫度開始上升、pH值開始下降，之後接續促成乳酸菌與醋酸菌的作用，產生酒精、乳酸、醋酸、甘油等物質，漸漸滲入可可豆的內部，使胚芽無法發育，同時帶動內部成分的轉換產生各種風味，以及去除可可豆本身強烈的酸味與苦澀味。可可豆發酵時間的長短，依數量、種類、環境溫度而定，通常約需4～12天左右完成發酵，經由發酵過程中微生物的作用，使可可豆表面的果肉分解完成。

　　可可豆的發酵是巧克力風味形成的關鍵，也是最困難的部分，因為可可發酵是複雜菌相（酵母菌、乳酸菌、醋酸菌），而非單一菌源的作用，在發酵過程須謹慎記錄溫度與pH值的變化外，並要記錄每日剖豆的狀況（觀察豆色的轉變與子葉撐開的情形）作為終止發酵作用的依據。

---

④ 覆蓋堆疊發酵。
⑤ 木箱發酵。

可可豆的發酵是必要的，若沒經過發酵製程，成製的巧克力會缺乏巧克力獨特風味。在發酵過程中，除了可可豆外觀的轉變（果肉的消退）外，也因pH值的下降、溫度上升而體積漸漸膨潤，顏色逐漸轉變為褐色，並伴隨著很多其他的化學反應，其中很重要的是形成各種胺基酸，這是引發巧克力獨特香氣（per aroma），與風味方向性（酸味、苦味、澀味）的重要來源，是形成巧克力香氣與風味的重要關鍵。

◯ 發酵周期3階段

	第一階段	第二階段	第三階段
菌源變化	酵母菌	乳酸菌	醋酸菌
發酵周期重點	・厭氧階段 ・pH酸鹼值6.5 ・酵母菌利用果肉中的糖，轉化成酒精、糖與二氧化碳並使pH略下降 ・發酵溫度35〜45℃	・好氧階段 ・翻動可可與氧氣接觸 ・乳酸菌作用生成酒精、乳酸、醋酸等物質，pH值逐漸下降 ・發酵溫度達48〜50℃	・醋酸菌作用氧化，酒精生成醋酸等物質 ・醋酸滲入豆子中使胚胎死亡無法發芽 ・可可豆pH值3.5〜4.5 ・苦澀味因發酵作用而降低 ・產生巧克力風味的前驅物質

＊可可發酵過程中，豆色會由原來的白色（或紫色）轉變為淺褐色（或深褐色），並使可可果肉因微生物作用而逐漸消退。可可豆子葉的細胞間隔體積漸漸膨潤，發酵週期約4〜12天。

→可可豆發酵周期的剖面顏色與組織變化。

◯ 發酵豆V.S未發酵豆的辨別（註7，參見P255）

特色	發酵豆	未發酵豆
豆形	圓滾狀	扁平狀
外皮	枯乾有脆皮殼聲	胚乳附著
子葉顏色	褐色，淺褐色	淺乳白色、紫色
子葉組織	裂紋多易碎裂	裂紋少，堅硬
芳香	有巧克力特有芳香	無巧克力風味，苦味強
pH酸鹼值	3.5〜4.5	6.0〜6.8
風味	帶有點酸臭味	帶生豆生青異味

未發酵豆　　　　　發酵豆

發酵終了的可可豆進行日照乾燥。

3. 可可豆乾燥（Drying）

經過幾天時間發酵完成的可可豆水活性仍高，還含有約30%的水含量，必須再經過幾天的時間進行乾燥製程，讓水分減少到8～6.5%左右，以維護可可的品質，增加運送方便性。可可豆乾燥初期時需將可可豆完全攤平（不可堆疊以避免發霉），且需經常翻動可可豆，加速其與空氣的接觸，致使可可豆能均勻乾燥，完全停止發酵作用，避免可可豆在運銷過程中發霉、腐壞。

可可豆的乾燥有日曬乾燥法以及使用人工乾燥法。日曬乾燥的時間取決於天候與日照角度不同，大約需5～21天，人工乾燥則較日曬的時間縮短些，然而儘管人工乾燥方式能大幅縮短時間，不過就品質風味較不及日曬乾燥來得好。

天然日曬的過程中，開始的日照不能太強，過強的日照會導致種皮快速乾燥，但內部卻還有水分未蒸散的情形。乾燥初期可可豆會因水分的逐漸蒸散，而散發出發酵的酸臭味，且外皮也會漸漸收縮變皺，但隨著日曬天數，氣味會逐漸轉為溫和，使其香氣更為突顯，同時可可外皮也會逐漸轉為褐色與變硬。經過此熟成、乾燥後的成品就成為加工用的可可豆，運送至世界各地的進口國進行後續加工。

COCOA STORY－外觀乾淨的可可豆狀況

水洗豆：可能因衛生條件差或發酵狀態不佳，在發酵後用水洗可可豆然後乾燥而得的，此可可豆外觀非常乾淨，但已失去大部分可可發酵時所產生的風味。

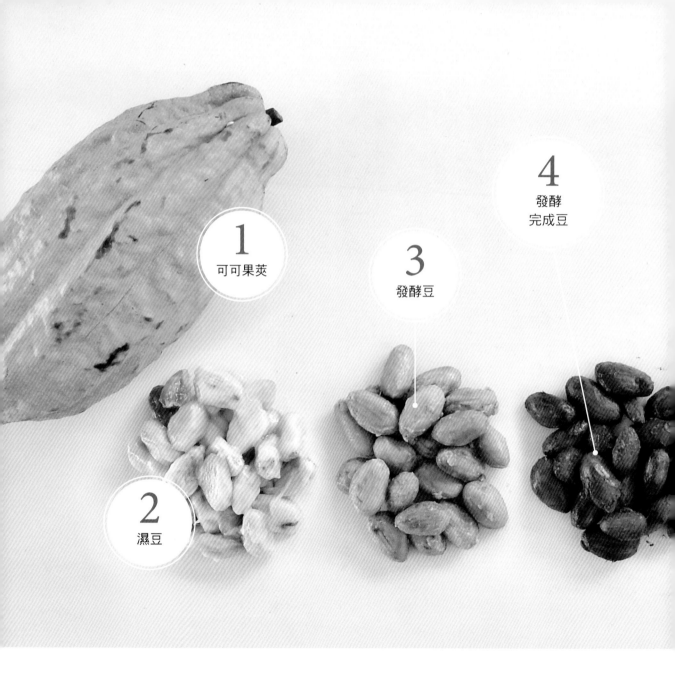

1 可可果莢

2 濕豆

3 發酵豆

4 發酵
完成豆

可可變身巧克力的過程②——
巧克力的煉製加工

可可豆原產國的製造過程，通常只進行到乾燥階段。完成乾燥後的可可豆，會由原產國運往世界各地的製造商進行後製加工，再經由一連串的繁複製程，選豆、烘焙、風選、粗磨、精煉、調溫等，最後才能成為各具風味的巧克力。

巧克力的加工階段

巧克力的製作始於原料（可可豆）的採收。將果莢中取出的果肉、可可豆堆放經過發酵處理，再經日曬乾燥製程，發展出獨特風味。當曬乾的可可豆運抵製造廠後，接續選

6
可可豆仁
可可碎粒
可可豆殼

7
加工成
巧克力

5
可可豆

別、清洗、烘焙、去殼取肉、研磨為可可漿、調和牛奶、糖等風味材料、精煉與調溫，就從可可豆成了大家熟知的巧克力。通常純度越高的巧克力製品，味道與香氣越濃烈；帶香甜味的巧克力製品，則是製程中添加糖、牛奶等材料所致。

巧克力的製程中，可可豆品質的好壞決定後製的加工與運用。從可可到變身各式各樣巧克力製品，就生產用途的不同（像是直接製成商品銷售給消費者、或用於烹調或甜點、又或供給巧克力專業師傅使用），主要的加工形式可分為：可可豆作為加工的原材料、可可膏製造、以及可可粉加可可脂、或其他代替可可脂的油脂的方式。

BEAN TO
BAR JOURNEY

—從可可到巧克力的旅程—

可可樹

焙烤可可豆②

\+

焙烤可可豆①

◀

乾燥可可豆

烤焙可可豆

▶

碾碎風選脫殼（破碎分離）

可可豆仁

巧克力誕生

◀

調溫②

\+

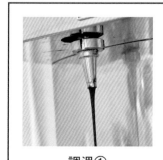
調溫①

◀ ◀

採收

可可果莢

發酵可可豆①

日曬乾燥可可豆②

日曬乾燥可可豆①

發酵可可豆②

B

可可豆殼

研磨、粗磨①

研磨、粗磨②

精煉②

精煉①

研磨、粗磨③

巧克力的加工製程

手製巧克力的製作是由可可生豆的挑選與烘焙階段開始，每個環節都具有非常重要的意義，必須確實掌握才能做出好的巧克力製品。以下就Bean to Bar的概念敘述介紹，從可可豆生豆的挑選開始，到將可可豆製作成特色風味的巧克力。

巧克力的加工製程
（Bean to Bar概念敘述）

1. 選別（Cleaning）

乾燥後的可可豆，需進行分級篩選，去除雜物，汰除有缺陷的不良豆子，像是扁平豆、發霉豆、發芽豆、沾黏豆、蟲蛀豆等，再依大小分級，大小平均才能確保烘焙的品質一致。

品質不好的可可豆（瑕疵豆）多半起因於生長階段，或是發酵、乾燥處理時所造成的。一般瑕疵的成因包括昆蟲的破壞及黴菌的生長所致，一點點的瑕疵就足以影響整個風味的呈現。

1 **正常豆**：完成正常發酵及充分乾燥過的高品質可可豆。

2 **結塊豆**：有2顆以上未分離、多生連體的可可豆，無法用手分開。（此狀況是因曬豆時未能將可可豆鋪平所致，若刻意要將其分開則外殼會有破損狀況，在烘焙過程會受熱不均，且易過度焦化而喪失可可風味，甚至有焦碳味的產生）。

3 **破損豆**：包含外殼有破損與整顆豆子有缺損情況（破裂豆容易受汙染且不適合烘焙）。

4 **扁平豆**：發育不良，子葉厚度不足而無法剖切得到完整子葉表面（可可豆內容物含量不足，可可風味會不明顯）。

5 **發芽豆**：豆殼因種子胚芽發芽而剝開、裂開，可清楚看到乾燥的幼根。

6 **發霉豆**：外觀可清楚看見真菌的菌絲、或剖切後內部有黴菌的菌絲（會有明顯的霉味）。

7 **沾黏豆**：表面有碎片沾黏的可可豆（表面沾黏的發酵殘留物會破壞風味）。

8 **蟲蛀豆**：遭受蟲蛀有明顯的蟲蛀孔等損壞跡象。

正常豆

結塊豆

破損豆

扁平豆

發芽豆

發霉豆

沾黏豆

蟲蛀豆

水洗發酵豆

正常發酵豆

未完全發酵豆

2. 烘焙（Roasting）

只經過發酵、乾燥的可可豆仍是酸澀帶有苦味的，必須再經烤焙來引出可可的迷人香氣風味。經過烘烤可使不良異味揮發，促使可可的香味顯著，同時也能降低酸味、苦澀味，並達到殺菌、降低含水量的效果。烘豆的溫度約落在110～140℃間，烘焙時間、溫度會視可可豆的品質而調整，烘焙設備以滾筒式能使豆子均勻受熱較佳，非滾筒式則要注意不斷翻動豆子，使其受熱均勻（見外觀微膨脹狀即可停止）。烘乾後的豆子顏色會轉成深棕色，特有的苦香味也隨之突顯出來。

此階段的可可豆因受熱，水分會逐漸蒸發降低至3%以下，此時受熱膨脹的種皮會轉變酥脆與種仁剝離形成較大的空隙，可利於碾碎操作中種仁（胚乳nib）與種皮（shell）就可以輕易進行碎裂脫殼的處理。

3. 風選（Winnowing）

可可豆內含有種皮（shell）、胚芽（germ）、種仁（胚乳nib）三部分。經碾碎後的可可豆因會混雜碎種仁、果殼碎片等（種仁碎粒比種皮來得重），須透過抽風（或吹風）分離出種仁、種皮（佔可可豆10～14%），保留種仁，除去種皮使用；其中保留的種仁就是研製巧克力的原料，可直接食用，或運用在糕餅的製作。若過程中不除去種皮就碾壓，則研磨出的巧克力中不只澀味會提升，連帶也會降低香味、並會有粉末感覺，因此碾碎後必須再檢視雜質。至於胚芽因未達可可豆重量的1%，且較種仁堅硬研磨較困難，雖會略損可可膏滑膩的口感，但不影響風味。

種皮

種仁

4. 粗磨（Grinding）與精煉（Conching）

可可豆碾壓粗磨破碎後會形成粗粒的濃稠膏狀物，但此時口感仍然粗糙、不細緻，需再次經過細磨與精煉的製程，口感才會變得滑順。可可胚乳粗磨碾碎後因摩擦生熱，以及設備輾壓的過程破壞可可豆仁的細胞，釋出油脂與其他固形物質，而在此時形成的濃稠、暗褐色膏狀流質物，也就是可可膏（cocoa mass），又稱可可漿。可可膏不只是巧克力的原料，從可可豆中榨取出的可可脂也是製作巧克力的關鍵，可使用在加工時，用以調整巧克力的流動、化口性；而另外分離可可脂後所剩的固體即為可可濾餅，若再加以乾燥、碾壓粉碎成粉末狀即為可可粉。

精煉的製程就是混合砂糖、奶粉和香料物等物質的調和階段，也是製造過程的最後步驟。最後加入的添加物等物質（如追加油分、卵磷脂等），可使精煉製成的巧克力口感更滑順。可可固形物的比例決定可可濃淡風味，可可固形物比例高，可可風味較濃烈，相對地可可固形物比例低，可可風味相對較弱。從標示的「%」數字中，就能看出可可原料（可可膏）及糖分的含量比例，例如85%黑巧克力，意指這塊巧克力的可可含量為85%，砂糖含量約為15%；百分比越大，可可的成分越高，砂糖的含量就越低，苦味也會增強，味道也更為複雜。

粗磨

精煉

5. 調溫（Tempering）

可可豆內含有的可可脂是由多種脂肪酸組成，其熔點也因結構而異，藉由加溫及冷卻調節過程，控制油脂結晶時的溫度、時間及速率，使其形成安定結晶狀態，並呈現光滑的外表及堅硬的質地。

6. 灌模／巧克力成品製作

將完成調溫的巧克力，倒入模型中稍震動敲出氣泡，待凝固、脫模即可包裝。

每種可可豆的風味原本就不同，加上品種、產地氣候，與加工製作方式的差異，成就出的風味質地也就截然不同。特別是近年來全球風靡的精品巧克力，以使用A優質可可豆，透過精心的工藝製作，呈現出A+品質巧克力的bean to bar概念；巧克力工藝師（chocolate maker）從挑選可可豆開始就得層層的掌控製程環節，並將自己的人文精神與創意投入，才能讓可可本身的風味發揮極致。

加工製成巧克力

可可加工的3形式（總表）

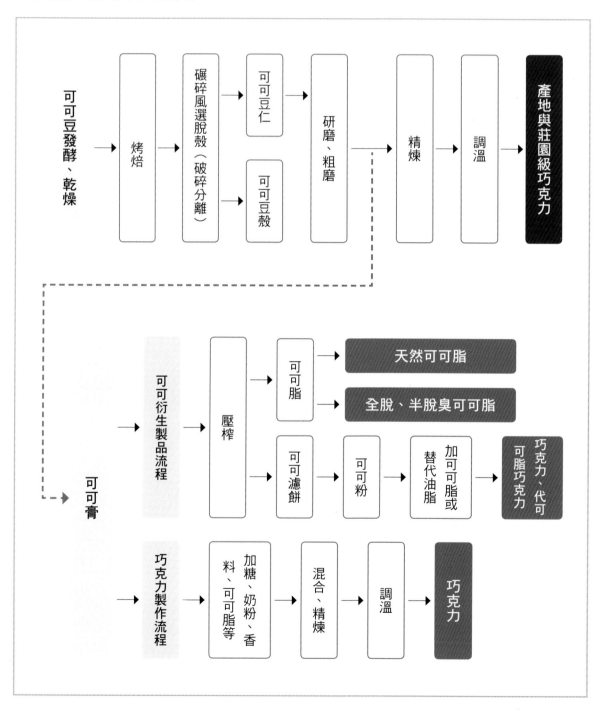

一次加工／巧克力製程（起始原料可可豆）

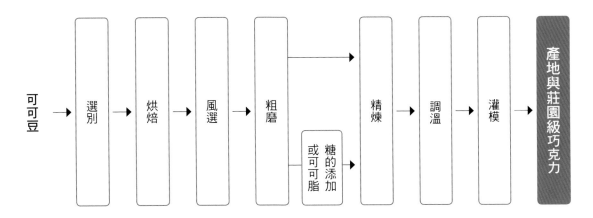

可可豆 → 選別 → 烘焙 → 風選 → 粗磨 → 精煉 → 調溫 → 灌模 → 產地與莊園級巧克力

糖的添加或可可脂

　　原豆原製的精品巧克力（bean to bar），講究產地與風土的風味特性，也正因為如此，為求保有其獨特風味，在每個製程中會因應品質的需求，做相應的調整，以期展現出獨有的口感風味。從可可豆品質挑選開始，巧克力工藝師（chocolate maker），因應可可豆品質的需求，在每個製作的環節會採以相應變因的製法，以達到忠實呈現可可豆本身的風味，巧克力該有的細緻度、化口性、層次性等風味特性。

Point

・巧克力工藝師（chocolate maker）：簡單的說是將可可豆加工製成巧克力的人，能在每個製成環節上，決定用什麼條件處理可可豆，並做出美味巧克力的人。
・巧克力師（chocolatier）：將巧克力製作成Bonbon與糕點的人。

二次加工／巧克力製程（起始原料可可膏、或可可粉加可可脂）

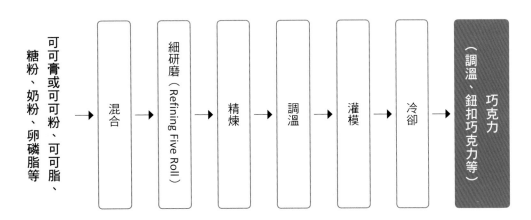

可可膏或可可粉、可可脂、糖粉、奶粉、卵磷脂等 → 混合 → 細研磨（Refining Five Roll） → 精煉 → 調溫 → 灌模 → 冷卻 → 巧克力（調溫、鈕扣巧克力等）

　　此法生產出的巧克力品質穩定，風味也能保持一致性。在製程中糖的添加量增加，會使得巧克力的濃稠度也相對增加，巧克力的濃稠度會影響巧克力的操作性與口感，因此通常在製程中會以額外添加可可脂或卵磷脂的方式調整巧克力的濃稠度。

可可粉與可可脂製程

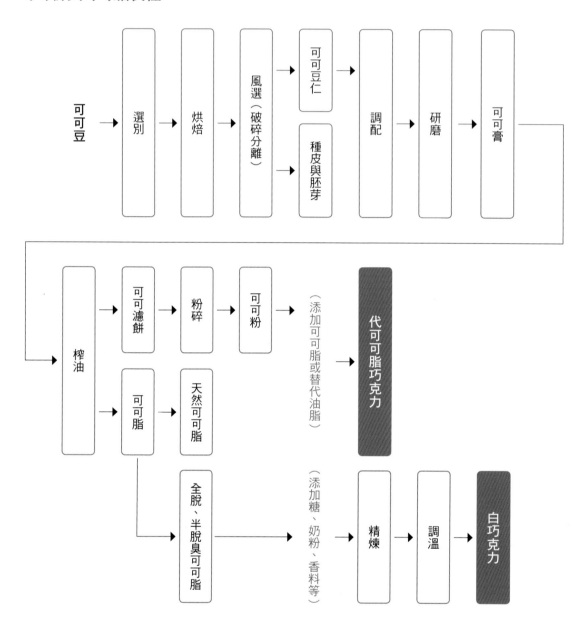

可可豆 → 選別 → 烘焙 → 風選（破碎分離）→ 可可豆仁／種皮與胚芽；可可豆仁 → 調配 → 研磨 → 可可膏

可可膏 → 榨油 → 可可濾餅 → 粉碎 → 可可粉 →（添加可可脂或替代油脂）→ 代可可脂巧克力

榨油 → 可可脂 → 天然可可脂

天然可可脂 → 全脫、半脫臭可可脂 →（添加糖、奶粉、香料等）→ 精煉 → 調溫 → 白巧克力

　　可可膏除了用來生產巧克力外，可經壓榨工序分離出可可豆中所含的油脂（可可脂），這是巧克力加工過程中不可少的原料，而分離後形成的產物可可濾餅，再經粉碎加工即成可可粉。可可粉若再添加入其他植物油脂則可製成另一種市售商品，也是大家熟知的非調溫巧克力（又稱代可可脂巧克力）。

Bean to Bar
精品巧克力工藝

雖說可可豆產地為主掌巧克力風味的最大關鍵因素，但因產區氣候及土壤等環境條件的不同，自然呈現出的風味千變萬化，再加上巧克力製程技術的差異，即使相同品種的可可豆，成製的巧克力香氣風味也可能截然不同，各有獨自風味，這也是Bean to Bar巧克力世界迷人之處。

Bean to Bar發展

一如這幾年在咖啡業界掀起的浪潮，講究使用單一產區豆子的這股旋風，也在精品手工巧克力界擴展開。

提到Bean to Bar可從法國巧克力品牌Valrhona創立可可豆產區理論的巧克力Guanaja說起，這個引用葡萄酒頂級產區（Grand Cru）概念，作為巧克力劃分等級的理論，成了可可氣味與品質分類的重要依據，就如同葡萄酒、咖啡界提到的產區概念般，一些特定的可可栽種莊園也成為品質保證的指標。而在巧克力包裝上也出現革新，開始標明可可原產區及成分比例。跟著新興品牌與巧克力師也致力莊園巧克力，重視可可品種、栽培、精製等過程，以堅持原料製作最佳品質為標的，如Bonnat、Michel Cluizel、Valrhona等等，這也是如今風靡全球的巧克力新風貌所稱的「Bean to Bar」概念。

所謂Bean to Bar，指的是製作者從可可生豆（bean）的選擇取得開始，到加工製作巧克力塊（bar）的所有生產過程，都由同一家公司參與監督處理製作完成（或在同一店家進行全程製作完成）。顛覆過去取自不同產地的混合豆，以及店家都直接與大企業購買巧克力原料製作，這股講究使用單一原產地豆子的Bean to Bar風潮，讓原本的製造型態有了轉變，越來越多的中小型製造商也開始投入生產鏈的源頭，從選豆開始到生產製程，烘焙、研磨、調配、成型等全程包辦把關，重現Bean to Bar可可本身純粹而獨到風味。

Tree to Bar

Tree to Bar類似Bean to Bar概念，也朝著這樣的發展方向，製造商從可可樹的栽種開始到可可豆，以最單純的原料加工真實呈現巧克力的獨有風味。顛覆過去大型生產的製造型態，Bean to Bar、Tree to Bar製造商們轉而開始與可可生產國的小農合作，以直接或透過經貿商公平交易的方式購買可可豆，或在當地設廠生產製作巧克力，減少中間商的層層剝削，讓種植可可小農能有掌控生活方式的權利，並將獲益回饋當地可可農與勞工，進而能發展對種植可可有益的生態環境。從可可豆到製作巧克力的這條產鏈轉變，不僅只是巧克力生產型態的轉變而已，同時也反映出製造商對人文土地的關懷，更意味著獨到巧克力風味的製作理念。

探索4大類可可製品

從可可加工到衍生的產品各式各樣，除了調溫、免調溫巧克力外，還有可可粉等不同種類的製品。

可可豆（cacao bean）

可可豆中約有50～55%是可可脂，剩餘約45～50%是固體物成分。烘焙後的可可豆碾碎除去種皮的碎殼，成形的粗屑即為用來研磨製作巧克力原料的可可胚乳。可可胚乳的組成分約由50%可可固體物與50%可可脂組成，因此可可膏中也含有約各一半的可可固體物與可可脂。

可可膏或可可漿
（cocoa mass or cocoa liquor）

將壓成粗碎的可可胚乳再經研磨製成後，胚乳中的可可脂會融解釋出暗褐色的濃稠狀液體，即為可可膏。是可可豆最初的加工製成品，不含砂糖等任何成分的純粹可可口味（100%黑巧克力），味道純苦香氣濃郁，是形成巧克力主體的物質。

可可脂（cocoa butter）

將可可豆研磨成的可可膏經壓榨，可榨取出可可豆油脂與可可濾餅（cocoa cake）。可可豆油脂也稱可可脂，常溫狀態為塊狀，乳白色，帶原料可可豆的風味（大多香氣風味物質是屬脂溶性），不過要製作成品質優良的可可脂，則必須先除去微量水分，再經油脂的脫臭、脫色的精製程序，完成不具可可風味，幾乎沒有任何香味的脫臭可可脂（Deodorized

cocoa butter），其中又分成完全脫臭與部分脫臭。可可脂是巧克力加工的理想專用油脂，可作為追加的油分，或是調整流動性使用，可賦予巧克力滑順光澤感。若是未再經加工仍保留可可自然香氣及風味的可可脂，則稱為天然可可脂（natural cocoa butter），天然可可脂的使用越來越少，大多是部分脫臭可可脂為主。

可可脂具有很短的塑性範圍，在室溫20℃下保有堅實和脆裂的特性，27℃以下幾乎成固體，接近28℃時會開始軟化且隨溫度的上升迅速融化，當溫度達33℃時固體成分轉變成液態，到34～35℃就會完全融化，是種既有硬度，又融解得快的油脂（可可脂的融點幅度很小，與奶油、豬油等油脂相比，其固體脂含率曲線（Solid Fat Content SFC）很陡峭）。

可可脂這個範圍狹窄又接近人體體溫的塑型特點，成就了巧克力入口即化的口感特性，也是巧克力之所以在室溫時能保持固態，咬下會是清脆，放入口中後卻又能一下就融化的原因。

Point

固體脂肪含量SFC（Solid Fat Content）是指在一定溫度下表現為固態的脂肪含量。是脂肪在不同溫度下的熔融以及硬度性能指標。熔融和硬度性能對口感、香味以及塗抹性能有很大影響。
例如：奶油與豬油固體脂含率曲線相較可可脂平緩，因此奶油與豬油相較於可可脂是比較軟的，融解速度也比可可脂來得緩慢。

巧克力會有清脆質地，是因為可可脂在熔融液態凝固為固體時，會開始轉變成安定的晶體型態。這種安定的晶體必須在34～36℃才能形成；如果可可脂在16～29℃間凝固，形成的晶體會不安定而鬆軟。巧克力加工中的調溫過程，就是為達到此目的，使可可脂中不同質地的結晶體能結合形成安定的結晶狀態。可可脂中有γ、α、β'、β型結晶，其融點分別為16～18℃、21～24℃、27～29℃、34～36℃，製作巧克力通常只會用到熔融點最高，且最穩定的β型結晶，此結晶結構質地硬脆，融化溫度接近人體體溫。當富含可可脂的巧克力調溫完成，由液態凝固為固態時，在固化成結晶體的過程中體積會收縮，不同結晶型態其收縮率如：α型結晶凝固縮收率7.0%、β'型結晶凝固縮收率8.3%、β型結晶凝固縮收率9.6%，而越安定的結晶型態收縮率越大，因此在此種狀態下將完成調溫的巧克力入模，因形成穩定的結晶型態，使得在巧克力凝固略收縮的狀況，就越好順利脫膜，也能展現出表面的亮度光澤。（註3，參見P255）

可可粉（cocoa powder）

將可可膏中壓榨出的可可脂壓榨萃取出後，剩餘的可可濾餅，再經乾燥、研磨碎化成細粉末，即為100%純可可粉。乾燥後的可可粉因加工製成條件的不同，顏色由紅色至深棕褐色都有。天然可可粉味道較重，有明顯的苦澀酸味，不易溶解於水。但若再經鹼化處理，則更能讓口感更滑順，顏色加深更穩定，味道更柔和，也更具可溶性，適用於可可相關的製品、飲品製作。

可可粉依可可脂含量，以及鹼化加工有不同的分類等級。其中，就鹼化處理的不同可分成：未經鹼化處理的天然可可粉（natural cocoa powder），以及鹼化可可粉兩種。

○天然與鹼化可可粉的區別

	天然可可粉	鹼化可可粉
顏色	淡	深
香氣	淡	濃
成本	低	高
pH值	5.2～5.8	7.0～7.6
使用範圍	有限	廣泛
主要用途	固體產品	液態產品

可可粉的品質、價格取決可可脂的含量高低，若就可可脂含量多寡又有高脂、中脂、低脂可可粉的區別：最高級品（22%以上）、高級品（18%±2%）、普通品（12%±2%）、低級品（10%以下），可可粉中的油脂含量越高，味道也越濃郁。

COCOA STORY－鹼化可可粉

可可粉製程鹼化是由荷蘭人Casparus van Houten Sr.於1828年提出，其目的為藉由鹼化的處理來提升可可粉的水溶性，不過結果證明對水溶性並無太大幫助，但可明顯改善可可粉的色澤、香氣、風味。

巧克力的種類

巧克力的種類不同與可可成分、可可脂和糖的比例有關,品質越好的巧克力所含的可可成分(可可固形物)比例越高。若從原料與可可成分含量的不同可分為調溫巧克力、非調溫巧克力兩大類;以原料差異來區分,大致可以分為黑巧克力、牛奶巧克力、白巧克力等三種。

在國際規格當中,調溫巧克力(couverture)是指總可可成分(可可固形物)在35%以上,可可脂的成分在31%以上,固體成分的含量在2.5%以上,且不使用可可脂以外任何油脂的巧克力;至於非調溫巧克力,不同於調溫巧克力內含的天然可可脂,是以添加植物油取代可可脂的巧克力,又有代可可脂巧克力之稱。目前巧克力的成分標示在國際間尚未有統一的規範,原則上都是依各國的規格訂定。

國內現行法規在「巧克力」的規定,是指以可可製品為原料,添加糖、乳製品或食品添加物製成的固體型態、不含內餡的巧克力,其標示規範如下:

黑巧克力(Dark Chocolate)

又稱純巧克力,含有高比例可可成分的巧克力。以可可脂混合可可粉、可可膏為原料,總可可固形物含量至少35%、可可脂至少18%、非脂可可固形物至少14%。

- ・總可可固形物含量≧35%
- ・可可脂≧18%
- ・非脂可可固形物≧14%

- ・總可可固形物含量≧25%
- ・非脂可可固形物≧2.5%
- ・牛乳固形物≧12%

牛奶巧克力（Milk Chocolate）

以可可脂及乳粉混合可可粉、可可膏為原料，其總可可固形物含量至少25%、非脂可可固形物至少2.5%、牛乳固形物至少12%。是含有添加乳製原料（乳粉或煉乳等）的巧克力，就外觀來看，顏色為溫和的棕色、亮度也沒有黑巧克力的明顯，帶有甜味、柔滑口感及濃醇奶香。因含有乳製成分，融點較黑巧克力低。

白色巧克力（White Chocolate）

完全不含可可固體成分（可可膏），沒有一般巧克力的褐色，整體顏色呈白色，含有可可脂，其可可脂含量至少20%、牛乳固形物至少14%，與牛奶巧克力大致相同，但乳製品和糖的含量高，甜度高，融點更低。

・可可脂含量≧20%
・牛乳固形物≧14%

・標示「代可可脂」。添加＞5%植物油取代可
　可脂的巧克力。
・標示「可可脂中添加植物油」。添加≦5%植
　物油取代可可脂的巧克力。

代可可脂巧克力

　　使用植物油取代可可脂的巧克力，添加植
物油量超過該產品總重量5%者，需要標示含
「代可可脂」字樣；若未超過5%者，需於品
名附近標示「可可脂中添加植物油」或等同字
義。

　　巧克力的差異主要可視可可豆的種類、巧
克力原料與可可脂的混合比例、含糖量及添加
物而定。除了依製程與成分不同的種類外，隨
著精進的製作技術，各式各樣的種類變化也因
應而生。

占度亞巧克力（Gianduja）

　　將榛果與巧克力經過長時間的細緻研磨製成。Gianduja的歷史可追溯到拿破崙時期，因當時可可短缺，皮埃蒙特居民和都靈巧克力製造商運用當地的榛果，與可可、可可脂和糖混合，製成的榛果風味巧克力。

紅寶石巧克力（Ruby Chocolate）

　　Barry Callebaut 2017年最新推出的巧克力，號稱是黑、白、牛奶巧克力3大類外的第4類巧克力。淡粉紅的色澤與莓果香氣、微酸甜感為其最大特色。

黑牛奶巧克力（Dark Milk Chocolate）

　　黑牛奶巧克力是近期術語，為高可可固形物含量的牛奶巧克力，其中可可固形物百分比大於50%。

其他

　　2016法芙娜推出Inspiration奇想系列，以天然味道及色澤調製，不含乳製品、人造香料或色素，操作方式如同一般調溫巧克力。巧克力質地獨特，帶有濃郁水果風味與天然色澤完美結合。

解讀「％」的美味密碼

調溫巧克力包裝上顯示的百分比「％」代表的是，這塊巧克力中所有和可可豆有關的成分在重量上占的比例（也就是可可固形成分加上可可脂的總量）。以85%黑巧克力為例，意謂巧克力的可可含量是85%，而剩下的15%左右則為砂糖含量，與不到1%的卵磷脂和香料等（添加的成分比例通常占不到1%，如卵磷脂、天然香草香料，藉以增加巧克力柔順口感）；百分比越大，可可的成分越高，砂糖的含量就越低，苦味越強烈，味道也較複雜；相對的，若百分比數字愈低，表示可可含量愈低，含糖量越高，味道也越甜。

可可含量的高低不能直接與品質畫上等號，就像品酒也不是比酒精濃度的道理一樣。舉例來說，雖然可可含量百分比相同，但所含原料的配比卻可能有所差異（糖、香料等添加成分比例的差異），即使相同百分比，味道也不盡相同，因此巧克力的品質不能以可可含量作為判斷基準，包裝上的比例數字僅能用來幫助判別苦甜的參考。例如，85%黑巧克力（原料配比為40%可可＋45%可可脂＋15%砂糖）與另一款85%黑巧克力（原料配比為60%可可＋25%可可脂＋15%砂糖）在口感上有截然不同的味道。

以簡單的原料成分來說，黑、牛奶、白巧克力的構成原則如下：

- **苦甜（黑、苦）巧克力**：可可豆（可可膏）＋可可脂＋砂糖
- **牛奶巧克力**：可可豆（可可膏）＋可可脂＋牛乳固形物＋砂糖
- **白巧克力**：可可脂＋牛乳固形物＋砂糖

○各種巧克力的成分

種類／成分	黑、苦甜巧克力	牛奶巧克力	白巧克力
可可豆（可可膏）	○	○	×
可可脂	○	○	○
砂糖	○	○	○
牛乳固形物	×	○	○

▶ **黑巧克力**（可可成分72%）

① 可可固體成分31%
② 可可脂31％
③ 追加油分的可可脂10%
④ 砂糖27.5%
⑤ 大豆卵磷脂0.5%

....

①＋②＝可可豆（可可膏）31%+31%=62%
②＋③＝總可可脂含量31%+10%=41%（以可可固體物和可可脂的比例為50：50）
①＋②＋③＝總可可成分72%
可可固形物為可可31%+可可脂31%+追加油分的可可脂10%，總可可成分72%
標示：72%黑巧克力

品味巧克力

▶ **牛奶巧克力**（可可成分40%）

① 可可固體成分7.5%

② 可可脂7.5%

③ 追加油分的可可脂25%

④ 奶粉25%

⑤ 砂糖34.5%

⑥ 大豆卵磷脂0.5%

....

①＋②＝可可豆（可可膏）7.5%+7.5%=15%

②＋③＝總可可脂含量7.5%+25%=32.5%（以可可固體物和可可脂的比例為50：50）

①＋②＋③＝總可可成分40%

可可固形物為可可7.5%+可可脂7.5%+追加油分的可可脂25%，總可可成分40%

標示：40%牛奶巧克力

▶ **白巧克力**（可可成分35%）

① 可可脂35%

② 奶粉35%

③ 砂糖29.5%

④ 大豆卵磷脂0.3%

⑤ 天然香草香料0.2%

....

無可可固體成分

①＝總可可脂含量35%

①＝總可可成分35%

可可固形物為可可脂35%，總可可成分35%

標示：35%白巧克力

> **Point**
> 調溫巧克力所含的總可可成分百分比（%）是指，可可固體成分、可可脂與追加油分的總合。

隨著產地與莊園巧克力及Bean to Bar的興起，注重的是巧克力的香氣與風味，巧克力也像品酒、品茶、品咖啡一樣可透過感官的品鑑，完整感受巧克力豐富細膩而複雜的滋味。

品味巧克力的理想環境約在20～23℃左右，溫度過低會影響香氣釋放與巧克力的化口感，溫度稍高則酸味表現較不明顯，且必須在不受其他氣味干擾的環境下進行（溫度約20℃），以便能細品分析巧克力的各種風味。再者，不應有其他食物的味道殘留口中，避免影響純正度，以及不宜在空腹、飽餐、或身體不適的狀態，這些都會影響味覺；此外可另備水或麵包，可用在每次品嚐間作為緩和恢復味覺用。

巧克力品鑑方法

品鑑時除了味覺和嗅覺外，也會透過視覺、觸覺、聽覺等五感的方法來完整品味。以下就幾點步驟提供學習判斷：

1. 看

首先會就巧克力的外觀細節仔細觀察。高品質的巧克力顏色均勻、沒有濃淡之分（外觀顏色深淺不影響巧克力品質）、紋理平整，帶有自然光澤、光滑細膩，不會有白霜現象。可可的成分越高苦味越強烈，但並不代表顏色也就越深黑，因為可可豆種或混豆的搭配等不同，顏色會有不同變化，多數巧克力的外觀色澤介於棕黑至紅棕色之間。

2. 觸摸

觸摸巧克力，感受巧克力的觸感是否平滑細膩。高品質的巧克力帶有自然光澤，表面的

觸感平滑細膩，不會有粗糙不均的情形。

3. 聽（掰斷）

高品質的巧克力，掰斷一小塊時會發出清脆俐落的聲響，且斷面組織呈細密；若品質不佳者，掰斷的聲音聽起來不明顯、有點鈍，斷面組織粗糙。

4. 聞

香氣是巧克力風味的重要組成，應帶有可可的醇香，品質好的巧克力聞起來應該帶有花香、果香、堅果香、木質等的微妙芳香，若餘味裡留有金屬、或焦炭等雜味則是不佳品質。

5. 品嘗

品嘗巧克力時，大小適中很重要，若太

小放入口中可能無法全然掌握細微的香氣。品嘗時可將巧克力掰成小塊放入口中（非咀嚼方式），讓它在舌頭上隨體溫和唾液慢慢融化，隨擴散化開感受滑順口感與香氣韻致（不會殘留顆粒感或蠟質感）。最終就是感受巧克力的深邃餘味。黑巧克力的餘味往往最為複雜，從最初的香味，到過程中釋出的風味轉化、餘韻轉變，豐富風味最是巧克力迷人魅力所在。

巧克力風味的形成因素很多，影響風味的因素也相當複雜，如果只用單一因素來界定其特色那麼就太可惜了。基於品味原點，儘管對味道的喜好本是主觀各有所好的，但若能就五感的感知體驗，一層層的深入瞭解巧克力的真實滋味，那麼或許更能感受巧克力的迷人樂趣。

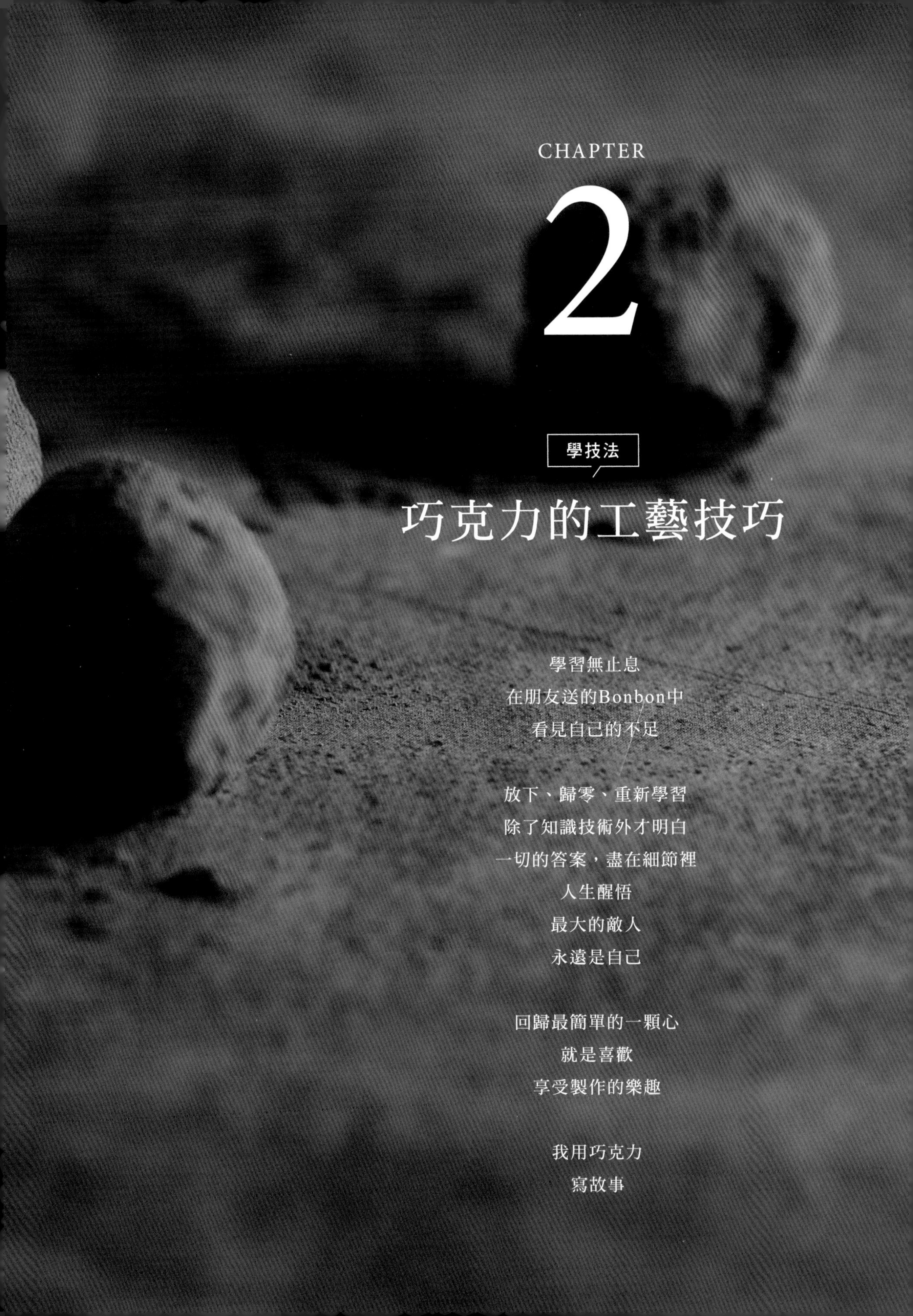

CHAPTER

2

學技法

巧克力的工藝技巧

學習無止息
在朋友送的Bonbon中
看見自己的不足

放下、歸零、重新學習
除了知識技術外才明白
一切的答案，盡在細節裡
人生醒悟
最大的敵人
永遠是自己

回歸最簡單的一顆心
就是喜歡
享受製作的樂趣

我用巧克力
寫故事

巧克力的製作基本

融化、調溫、製作甘納許再到成型風味巧克力，是手製巧克力必備的基本技巧，但若缺乏對巧克力特性與原理的基本認知，也難以精確掌控「從可可豆到美味巧克力」成就風味質地的步驟。至於溫度環境對巧克力的質地風味也有絕對性的影響，因此不論製作或保存都要精準的控制，才能呈現巧克力原有的風味特色。

製作巧克力的環境

巧克力最怕高溫高濕環境，涼爽、乾燥通風的環境下，最適合製作巧克力。相反的，若環境悶熱潮濕操作起來就要棘手得多。一般製作巧克力的環境以室溫18～20℃、相對濕度也要控制在 RH60%以下最為理想。若溫度太高，巧克力的凝固時間會變得較長（甚至無法凝固），調溫好的巧克力結晶也會因而崩壞形成不安定結晶形態，這樣的情況下也無法製作出理想狀態的巧克力製品。台灣的氣候由於夏季與冬季的溫度環境相差很大，還有多雨潮濕的梅雨季，因此製作時必須注意，在開始作業時就要讓環境處於合適的狀態。

保存巧克力的環境

正確的保存條件下巧克力其實可以保存很長的一段時間。要確保巧克力的質地，除了涼爽、乾燥、通風的要件，最重要的就是溫濕度的控制（溫度15～18℃、濕度50～60％），要讓保存與操作溫差控制在7℃範圍內，儲存溫度不低於15℃的原則。而由於巧克力與空氣接觸會加速可可脂的氧化、油耗劣變，因此應妥善密封，再貯放溫度不會有太大變化、乾燥、

通風，不會有陽光直接照射的陰暗處保存。另外，巧克力最忌諱潮濕與水氣與雜味，最好避開存放冰箱，與氣味重的環境，避免生成糖斑、龜裂，或吸附其他氣味影響巧克力的風味。

巧克力的質變

巧克力容易因溫度、濕度差異變化的影響變質，若保存不當像是在溫度過高、或潮濕的環境，會使巧克力產生軟化變形、表面斑白、

當，因巧克力中結晶不安定，油脂浮上表面、結晶粒粗大，造成表面呈現灰、白色的斑點紋路。此種狀態的巧克力仍可食用，只是口感變得粗糙，化口性也較差些。

溫度變化太大。

糖斑（Sugar Bloom）

常出現在將冰冷的巧克力取出放置室溫時引起的現象。當巧克力在低溫或潮濕的狀態下，水氣會在表面結露形成水滴。表面形成的水滴就是由巧克力中的糖分所融解出來，而當長時間放置室溫下，表面的水分因蒸發變乾後，就會形成一層白色粉狀的砂糖結晶，即為糖斑。

形成砂糖糖斑的巧克力。

內部翻砂等現象，外觀與口感都會變差。

油斑（Fat Bloom）

造成油斑現象的原因主要有兩種，其中最見常的是巧克力的保存環境溫度不穩定使得巧克力融化後再凝固所導致。當溫度過高（或溫度變化太大），可可脂會融化分離而滲出表面，而當溫度降低後可可脂再度凝結成白色結晶，表面就會變得不平整、形成類似一層油發白的油斑現象；另一種就是調溫過程時溫度不

COCOA STORY

巧克力製作的環境條件與巧克力最佳固化的溫度有關，調溫巧克力的固化溫度，要比安定液態狀的溫度低12℃條件下；而又調溫完成巧克力的最佳溫度範圍約在30～32℃，因此製作巧克力的理想條件為室溫18～20℃、濕度45～50%。

融化巧克力的技巧

巧克力和水分會相互排斥難以混合，即使一點點水分也可能會致使融化的巧克力緊縮或變硬、破壞濃稠質感。為維持最佳狀態，無論使用的是哪種方法，都應盡量避免與任何狀態的水分接觸，並且要在適合的溫度內，避免加熱過度。

融化巧克力的方法

為了讓巧克力整體能均勻受熱，使用大塊的巧克力時，要先切碎才能均勻受熱融化。若是市售的鈕扣狀巧克力，就可直接操作，比起塊狀來得更加方便。

A. 微波加熱融化

利用微波爐加熱融化巧克力。

將巧克力放入可微波的容器，微波爐加熱後取出攪拌。微波時間必須依據巧克力份量的多寡來調整，每次微波時間不宜太長，以「短時間多次」的反覆加熱方式。通常可先設定600W約60秒鐘，取出時巧克力有部分融化，但還帶有顆粒感，趁著還溫熱由底層掏起攪拌融化均勻即可。若溫度還不夠，可再繼續微波40秒鐘，反覆操作至完成（隨加熱次數縮短加熱時間）。

融化過程中，注意不可用太高的波段與太長的時間來融化，一來易使巧克力燒焦，再者過高溫度也會使巧克力緊縮，最好是在每次短時間的加熱融化後就要取出攪拌，確認融化狀況、溫度不超過50℃，持續操作，直到巧克力完全融化。

B. 隔水加熱融化

利用兩個鍋子透過蒸氣加熱使巧克力融化。

① 將巧克力放入微波盆裡。

② 放入微波爐中以微波加熱約60秒鐘。

③ 巧克力會由中心開始融化，取出攪拌均勻。

④ 若尚未完全融化，再度放入微波爐縮短時間加熱，取出，攪拌。

⑤ 至完全融化沒有顆粒殘留，即成融化的巧克力。

在底部小水鍋倒入水、小火加熱，讓水溫保持在60～70℃之間（控制水溫不須煮到沸騰）。另外在上層大鍋放入巧克力，隔著底層的水鍋，利用水溫的蒸氣邊加熱邊攪拌使巧克力均勻融化。由於巧克力遇水後會立即吸收水分凝結（易緊縮、或變硬），破壞油脂的平衡與光澤，因此隔水融化過程中需不斷攪拌讓溫度均衡，避免水氣滲入巧克力中。

C. 靜置加熱融化法（巧克力保溫鍋、巧克力調溫機）

利用巧克力調溫機設備融化巧克力。

將巧克力放入定溫、定時的調溫機中融化，因溫度可穩定控制，在使用前晚加熱融化、靜置保溫到隔天使用，也不會破壞結晶形態。靜置法簡易方便，但並非就可以久置，經過長時間的放置會有硬化，或可可脂與其他固形物也會有分離的情形，因此每天應攪拌2～3次使其充分均勻混合。若已分離到攪拌也無法回復原狀態，仍可用於糕點製作。

融化巧克力的要點

融化巧克力時，要避免直接加熱，因為很容易燒焦，最好以間接加熱的方式，且加熱溫度不超過巧克力本身的融點溫度（約50℃），一旦高溫則會造成巧克力有油脂分離的情形。

融化巧克力時用微波加熱要比使用隔水加熱的方式來得簡單，既不會接觸濕氣，且量少也很方便處理，操作上相當方便快速。若以隔水加熱融化，要用小火緩慢地不停攪拌加熱（避免溫度升高而燒焦），直到沒有顆粒、形成滑順的濃稠質地為止。攪拌製程中，最好使用耐高溫的橡皮刮刀，以不要將刮刀離開巧克力表面的方式來攪動，避免拌入空氣產生氣泡。同時要注意不能讓水分滲入，一旦含有水分就會破壞巧克力的質地，會使巧克力形成粗糙結塊影響成品口感。

① 在大鋼盆中放入巧克力。

② 底部隔著加有熱水的小鋼盆小火加熱。

③ 用刮板不停地邊加熱邊攪動，使其慢慢融化。

④ 攪拌至完全融化沒有顆粒殘留。

⑤ 即成融化的巧克力。

巧克力的調溫

巧克力的製作始於調溫（Tempering）。所謂「調溫」，簡單來說就是調整巧克力的溫度。把融化的巧克力，透過調降溫度、再提高溫度進行溫度調整的過程，使其重新整頓，固化成適當的晶體結構，回復到原本漂亮的結晶狀態。正確調溫製成的巧克力，在常溫下1～2分鐘即可凝固，且表面帶有光澤與亮度，入口即化，化口性好、口感滑順。

調溫的原理

巧克力主要是由可可膏、砂糖、香料等固形物與可可脂所製成。其中內含約50%的可可脂（cocoa butter），是由多種脂肪酸組成的，而由於三酸甘油脂（triglyceride）的特性，在不同的溫度點結晶體會隨著改變，如果以相同溫度融化或冷卻，就會形成部分結晶、部分還沒結晶的情況，因此必須經由加熱升溫（破壞所有結晶）、冷卻降溫，再升溫的調溫作業（重新建構適宜的晶體結構），促使融化的結晶在最好的型態下結晶化，凝固回復到原本整齊排列的狀態。這就是調溫的用意，為的就是藉由過程中的結構變化，形成同質結晶型體，維持安定結晶的狀態。

調溫的流程

融化溫度、降低溫度、再提高到最後使用溫度，即為調溫作業的3大程序階段，進行調溫作業時必須就每階段各自溫度狀態精確的控制。

1. 融化（解晶）

完全融化可可脂的結晶。

將溫度提升到可使蘊含在可可脂的所有結晶完全融化的溫度。融化溫度，黑巧克力的融化溫度最高加熱到45～50℃，牛奶巧克力40～45℃、白巧克力40～45℃。

2. 降溫（結晶）

降溫到穩定結晶形成。

將溫度降到可使融化的可可脂開始結晶化的溫度（所有的分子會整齊而緊密的排列，並開始結晶化，在形成穩定的結晶後會產生一連串狀態良好的結晶，均勻分布）。降溫冷卻的溫度，黑巧克力冷卻在 27～28℃、牛奶巧克力25～26℃、白巧克力24～25℃。

3. 升溫（形成穩定結晶）

升溫融去不穩定結晶，形成好的結晶，並維持使用溫度。

再次加熱將溫度提升到31～32℃，除去不好的結晶，形成完好穩定的結晶型態，同時維持最後的使用溫度，黑巧克力在 31～32℃、牛奶巧克力29～30℃、白巧克力28～29℃。（在此種狀態下的分子因排列得整齊而緊密均勻，而以其製作出的巧克力因而能展現出閃亮的光澤）。

巧克力調溫的溫度

調溫巧克力時融化的溫度，會依種類和產

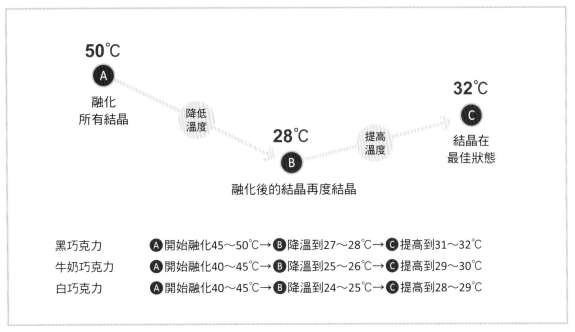

| | 50℃ | 28℃ | 32℃ |

| | A 融化所有結晶 | B 融化後的結晶再度結晶 | C 結晶在最佳狀態 |

黑巧克力　　　A 開始融化45～50℃→ B 降溫到27～28℃→ C 提高到31～32℃
牛奶巧克力　　A 開始融化40～45℃→ B 降溫到25～26℃→ C 提高到29～30℃
白巧克力　　　A 開始融化40～45℃→ B 降溫到24～25℃→ C 提高到28～29℃

調溫巧克力的操作溫度。

品的不同而有所不同。原則上若產品上有標示溫度的話，可按照標示的溫度來進行。一般來說，牛奶與白巧克力的融解溫度會比苦甜巧克力來得低，這是因為巧克力中所含的油脂不同所造成的差異。苦甜巧克力的乳脂含量較少，融解溫度最高，通常須加熱到約45～50℃，而牛奶巧克力與白巧克力的可可成分較低、乳脂含量較高（乳脂的融點比可可脂低），因此兩者的融解溫度都要比苦甜巧克力稍低約5℃左右，調溫時結晶化與作業溫度也要低約1～3℃。

調溫完成的測試

調溫會隨巧克力的不同特性而有變化（例如溫度會因不同巧克力而略有調整等），因此即使調溫步驟對了，也不一定就代表調溫成功，必須測試確認，透過凝結時間和表面狀態、亮度光澤的判斷來確認調節是否成功。調溫的結果可經由幾個簡單的方法輔助判斷。

測試方法

○ 用抹刀（或匙背）沾取巧克力。若調溫正確，巧克力在室溫中經過幾分鐘後會開始凝固，表面會有光澤，用手碰觸時不會沾黏。

具光澤。

× 若調溫失敗，不論經過多久都無法確實凝固，凝固後也會霧化混濁，變成厚實的質感，甚至會出現油斑、沒有光澤。

溫度太高。　　　　　　　　無光澤。

調溫的結果狀態不盡理想時，從頭來過，回到加熱升溫的階段重新開始操作即可。要注意不能加熱過度（會導致變質），直到完成調節為止，在調節溫度的範圍內都可以重複進行操作；倘若溫度過高導致燒焦，味道變了，就無法補救，也無法做其他糕點運用，要特別留意。

調溫巧克力的保存

完成調溫的巧克力當下就要使用，若是調溫後又經過凝固、重新融化，原本達到的穩定晶體結構也會有所變化，需要再次透過調溫來調整達到安定結晶狀態，才能確保巧克力製品口感質地。調溫好的巧克力要保持在調溫的溫度狀態（黑巧克力28～32℃），可放在保溫器裡（或隔水保溫）維持適溫狀態，才能製作出良好狀態的巧克力；如果任意放置，一旦溫度上升或下降，將會破壞穩定的結晶型態，那麼就無法做出理想狀態的巧克力。

用剩的調溫巧克力，在不破壞調溫狀態下冷卻凝固的話，還是可以維持原有結晶型態。保存時可趁著尚未凝固硬化時，倒在巧克力膠片紙（或烤焙紙上），將其攤平（較容易剝離），待放涼凝固，除去膠片紙，就能輕鬆剝起巧克力，最後收放密封袋裡（或密封盒），存放陰涼處，下回使用再重新調溫或是製作甜點時可利用。

保存法A

① 將用不完的調溫巧克力裝入乾淨的密封袋中，用手攤展開壓平。

② 平放室溫待冷卻凝固即可存放，待下回欲使用時再加熱調溫後使用。

保存法B

① 將用不完的調溫巧克力倒在鐵盤上（鋪烤焙紙）均勻攤展開，放室溫待冷卻凝固。

② 即可剝取下收放密封袋中保存，待下回欲使用時再加熱調溫後使用。

巧克力調溫的要點

無論用哪種調溫法，都必須徹底均勻的攪拌巧克力使其在最佳的溫度條件下，形成良好的穩定結晶型態。攪拌時盡量不要讓攪拌杓提出融化巧克力的表面，避免帶入空氣使其產生氣泡。再者，絕對不能沾滴到任何水分，一旦有摻混了蒸氣、水分，調溫巧克力將會變得厚重、難以操作，也是致使發霉的原因。

調溫的用意，在藉由溫度調節來達到安定結晶狀態，使得巧克力的製品口感更好、外觀更漂亮。確實做好調溫，可讓完成的巧克力亮麗有光澤、口感好，也較好脫模，若單只是將巧克力融化就使用，或沒做好調溫就製作，不是無法凝固、收縮，又或就算凝固後光澤也不佳，不好脫模、口感欠佳，甚至還可能有表面粗糙發白，殘留顆粒或蠟質感等情況。

巧克力的收縮率與調溫好壞有關，調溫成功的巧克力好的結晶多，結晶排列組合越整齊，巧克力凝固後收縮率高，好脫模。

成功的調溫，會使模型與巧克力之間形成空隙，就能完美的脫模了。

巧克力的調溫技巧

巧克力的調溫主要有，大理石調溫法、冰水冷卻法、種子法、可可脂粉法等幾種方法，其中最簡單的方式就是冰水冷卻法，而技術性較高但效果最好的則屬大理石調溫。雖然操作手法有些不相同，但實際理論與溫度變化的過程都一樣，只要依據製作條件原則，選用最適合的方式，正確的進行調溫即可。

 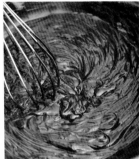  

A　大理石調溫法（Table tempering）

將約 2/3 的融化巧克力攤在大理石檯面上，用巧克力鏟來回推刮攤開的刮拌操作調節溫度，待其降溫後再回刮到原本的巧克力中攪拌均勻，使整體達到適宜的溫度狀態。

融化

01
將巧克力隔水邊攪拌使其完全融化至50℃左右（融化的溫度：黑巧克力45-50℃、牛奶與白巧克力40-45℃）。

02
將2/3的巧克力倒在大理石檯面上（剩餘的1/3量的巧克力留置鋼盆中）。

調整溫度

03
用巧克力鏟將巧克力推刮攤開，動作時務必使其與大理石檯面緊密貼合。

04

此時接觸大理石檯一面的巧克力溫度會較低，表面的溫度則較高。進行推刮使其成相同溫度的操作。

05

將整體刮拌聚攏成堆後再重複推刮的操作。再次進行推刮使其成相同溫度的操作。

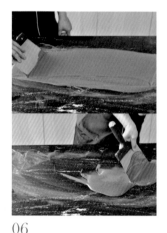

06

再重新將整體刮拌聚攏成堆後再重複推刮的操作。再次進行推刮使其成相同溫度的操作。

07

待巧克力溫度調整下降至27～28℃（降溫過程中巧克力會隨溫度下降，濃稠度隨之增加），盡速將其刮回鋼盆中。

Point 降溫到結晶最佳狀態溫度：黑巧克力27～28℃、牛奶巧克力25～26℃、白巧克力24～25℃。

08

將**作法7**與原本1/3量的融化巧克力攪拌混合均勻，讓巧克力整體上升為31～32℃。

Point 上升到使用的溫度：黑巧克力31～32℃、牛奶巧克力29～30℃、白巧克力28～29℃（整體溫度超過最高的升溫溫度，則是調溫失敗）。

測試

09

用抹刀沾取巧克力，觀察凝固時是否有亮面，判斷巧克力調溫是否成功。

Point 失敗狀態，沒光澤。

特色

將融化巧克力直接攤開在大理石檯面，能使其冷卻，在短時間內達到調溫效果，唯獨必須熟知如何判斷黏稠度和溫度，需具相當經驗。

B 冰水冷卻法（Water bath tempering）

透過隔水加熱將巧克力融化升溫，再隔冷水降溫後，再隔水加熱使其升溫至適合溫度的調節手法。

融化

01

將巧克力隔水邊攪拌使其完全融化至50℃左右。

調整溫度

02

移鍋放置冷水（15℃）中，不斷攪動鍋底與鍋壁，避免溫度過低使巧克力凝固。

Point 攪拌時不能一直放在熱水或冷水裡，要反覆的將鍋子放到冷水上短暫接觸，然後立即移開，重複操作、並觀察狀態。

03

待巧克力冷卻降溫至27～28℃。

04

再次隔水邊攪拌加熱。

05

使巧克力溫度上升至31～32℃。

測試

06

用抹刀沾取少量巧克力，觀察凝固時是否有亮面，判斷巧克力調溫是否成功。

特色

最簡單的方式，不需要額外的配件，只要簡單的鋼盆與攪拌就能操作，適合少量的巧克力調溫，或空間有限的環境操作。

C 種子法（Seeding tempering）

在融化的液態巧克力中加入切碎的調溫巧克力，並透過不斷攪拌達到溫度平衡的狀態後，再加溫的調節手法。

融化

01
將2/3巧克力隔水攪拌使其完全融化至50℃左右。

02
另備好1/3調溫鈕扣巧克力（或切碎的調溫巧克力）。

調整溫度

03
分次加入1/3調溫鈕扣巧克力攪拌均勻。（加入的巧克力必須是調溫巧克力，加入這種已結晶的巧克力，只要溫度控制好，能穩定又能有效促進整體的結晶化）。

04
確認溫度是否低於32℃，再繼續加入調溫巧克力，直到完全融解，且整體溫度上升至31～32℃。

Point 在步驟3時，若不慎加入過多的調溫巧克力導致整體的溫度過低的話（不能低於降溫的溫度），可將整鍋巧克力再透過隔水加熱，或用熱風槍加熱調節至31～32℃即可。

測試

05
用抹刀沾取少量巧克力，觀察凝固時是否有亮面，判斷巧克力調溫是否成功。

特色

操作簡單又不容易失敗的調溫方法，適合大量的巧克力調溫。但因各種品牌的鈕扣大小不盡相同，加入調節的種子巧克力（調溫巧克力）份量，必須精準調整。

COCOA STORY

種子法中使用的種子巧克力必須是調溫巧克力。巧克力製程的最後步驟就是調溫，因此各品牌販售的巧克力都是已調溫過的狀態。這時候巧克力就有好的結晶體的狀態（好的種結晶），加入融化的巧克力中因溫度下降至合適的條件，種子會產生同質性結晶的作用，形成穩定的結晶狀態。

D　可可脂粉法（Cocoa butter silk tempering）

　　與種子法的概念相同。將融化的巧克力待降溫至34℃，加入巧克力1%比例重量的可可脂粉混合，使溫度均術到達回溫的溫度。

融化

01
將巧克力微波或隔水邊攪拌使
其完全融化至50℃左右。

02
另備好可可脂粉。

調整溫度

03
待巧克力溫度下降至34℃。

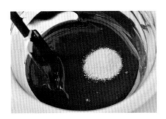

04
加入重量1%的可可脂粉。

05
用橡皮刮刀攪拌混合均勻至完
全融解沒有顆粒。

06
整體溫度為31～32℃。

測試

07
用抹刀沾取少量巧克力，觀察
凝固時是否有亮面，判斷巧克
力調溫是否成功。

特色

可可脂粉法與種子法的原理相
同。當巧克力中1%的結晶體
（調溫過的可可脂）就能有效
促使整體巧克力的結晶化，多
用於流動性差的巧克力。

COCOA STORY

調溫巧克力時須避免接觸濕氣，應維持在乾燥理想狀態。倘若不小心沾到水分，巧克力中的糖、可可固形物（不含可可脂）會與水結合成團，並與液態可可脂分離（此為不可逆反應），終將無法恢復原來狀態，只能再添加更多的水分使其中的糖分完全融解，製作成甘納許或巧克力醬。

甘納許製作

甘納許（Ganache）是運用巧克力與水分（如鮮奶油、鮮奶、果泥等）以一定比例調和乳化後形成的柔滑調和物。主體的原料雖然看似簡單，不過就是巧克力與鮮奶油的混合體，但舉凡溫度、比例與原料的選用可都深深影響最終的質地。

美味平衡的比例

一般常見的甘納許是以等比例1:1、或2:1的巧克力與鮮奶油調和製成，兩者的搭配比例有很大範圍，可依用途的不同調整比例來創造不同的質地。甘納許的口感與質地，隨著巧克力與鮮奶油的用量比例不同，形成的質地軟硬會有很大的差異，且即便同樣的材料，不同品質、作法有差異也會產生微妙的變化。通常巧克力用量越高（可可固形物含量高的相對愈硬），質地越偏黏稠，成品硬度也越高，常用於巧克力糖、蛋糕夾層內餡使用；巧克力用量越低，質地則越偏稀軟的液態，常用於披覆、沾裹甘納許及其他食材淋面、裝飾。

加分的添加用料

甘納許的風味豐富多變，在維持一定整體狀態下，可隨喜好調整變化。像是添加奶油來提升整體的化口性，搭配酒類、茶類或香料等展現豐富層次，可說相當多變。不過用來增添風味的添加料，也不是所有材料都適合，必須考量整體的油脂與水分的比例，這樣才能達到理想的質地。原則上添加的副材料，以低含水、高濃度形態的較為理想。

1. 巧克力

巧克力是甘納許的基礎，為主體靈魂架構，也是決定主體味道的關鍵。巧克力的使用比例越高（或可可固形物含量高），做出來的甘納許質地越硬。如果是使用牛奶巧克力或白巧克力，因成分中的奶粉（尤其後者）含有的油脂成分較多、可可固形物成分較少，做出的甘納許相對等量的黑巧克力甘納許會略為軟些。因此若以牛奶或白巧克力製作，就要減少鮮奶油、或透過增加配方中的巧克力來調整，避免變得太稀軟。

2. 鮮奶油

簡單來說，甘納許就是巧克力與鮮奶油的結合，在這當中鮮奶油提供了水分（形成濕潤、濃稠特質）及乳脂（化口性好、入口即化特性），可使巧克力融合成溫醇帶乳香的甘納許。鮮奶油用量與甘納許的軟度成正比，鮮奶油越多，甘納許則越軟。

3. 轉化糖（其他糖類）

糖類的添加不只是提供甜味，同時有保濕、水分控制，能降低甘納許商品的水活性，延長甘納許的保存期限。在含水量高的配方中仍建議添加糖類，如此水分才會呈穩定狀態，否則很容易變質走味。

4. 奶油

在整體的配比中，奶油的使用量不大，不過因奶油富含乳脂，適量添加可提升甘納許的滑順口感。多以無鹽或發酵奶油為主，使用前須先回溫軟化（24～25℃），注意不可放置高溫處，否則奶油一旦融化，脂肪會與水分離，此時就算再降溫也無法使奶油恢復原有狀態。

5. 香料

提升豐富層次用的乾燥香料，包含咖啡、抹茶、紅茶、肉桂、香草莢等。為釋出完整的風味香氣，這類添加物通常會與鮮奶油一起加熱，透過加熱滲入讓鮮奶油吸收其香氣，過濾後再與巧克力調合製作。若將煮好的香料鮮奶油靜置隔日再濾出使用，風味會更加濃郁。

6. 果泥

用於製作水果風味的果泥，要注意整體巧克力（油脂）與液態（水分）添加物的比例控制。舉例來說，在常見的比例（巧克力:鮮奶油為1:1）中，若有加入含水量較多的添加物（如果泥），則應讓鮮奶油與添加用料（果泥）的總和維持與巧克力等比例（1:1）。風味上各種品牌有所差異，要注意酸度高的果泥，通常多會有額外添加糖的情況，再者酸度高的果泥不適合與鮮奶油一起加熱，因為水果果酸與鮮奶油中的蛋白質結合會產生固態沉澱物，影響成品質地，要特別注意。

7. 酒類

酒精有殺菌的效果，可防腐有利於保存。增添風味所使用的酒類，通常為酒精濃度高的伏特加、威士忌、白蘭地等，由於高溫狀態易使香氣揮發，可在鮮奶油加熱完畢，稍降溫後加入，或是在乳化攪拌完全後加入提升香氣風味。

巧克力的乳化

「乳化」這個讓油脂（巧克力）與水分（鮮奶油）均勻融合的過程，是製作甘納許時相當重要的程序。巧克力與鮮奶油經過完全乳化後，才能發揮應有的香氣與風味，若是沒能確實完成乳化作業，就算是使用品質很好的巧克力，該有的美味還是無法盡現。

巧克力與鮮奶油融合時，適當的靜置後再拌合，可使兩者的乳化更加細緻，不會產生過多氣泡，不過必須注意鮮奶油的溫度不可過高，最好的乳化溫度應維持在36～40℃（融化巧克力溫度＋鮮奶油溫度），避免巧克力產生油水分離的情形。

另外隨著使用巧克力的不同，鮮奶油（乳化所需的水分，製作甘納許的以鮮奶油居多）與巧克力的比例也需要調整，乳化所需的鮮奶油，依巧克力的可可固形物含量而定，通常可可含量越高時，越需要較多的水分，例如，使用牛奶巧克力或白巧克力，鮮奶油的用量通常會較使用黑巧克力的甘納許來得少，質地才不會太稀軟。此外，依巧克力種類而定，有容易乳化及不易乳化的情形，甚至廠商和品牌不同，也會有所差異。

○乳化所需的水分量

黑巧克力100g，加水50g乳化	▶ 1：0.5
牛奶巧克力100g，加水40g乳化	▶ 1：0.4
白巧克力100g，加水30g乳化	▶ 1：0.3

預設黑巧克力的可可固形物含量為56%、牛奶巧克力的可可固形物含量為38%、白巧克力的可可脂含量為35%。

甘納許與手製基本技巧

　　造成甘納許質地的差異，最大差別在於食材（巧克力與鮮奶油）的比例以及溫度。巧克力與鮮奶油的品質好壞對甘納許有絕大影響，尤其是巧克力最為明顯，影響最終成品的光澤與風味。

製作甘納許

　　甘納許的製作除了基本作法外，也可用食物調理機來操作，製作程序與基本製法相同，優點是較不會拌入空氣，且攪拌速度快、省時又省力，不過機器製作會因摩擦而生熱，必須隨時注意溫度變化，份量也需控制在容量的2/3左右。

巧克力切碎

01
鈕扣大小巧克力直接放入鍋中融化。若是塊狀巧克力則要先切碎再放入鍋中融化。

融化巧克力

02
巧克力的融化方法可用：隔水加熱、或微波加熱等方式。

Point 融化巧克力時的溫度，不要超過40℃（苦甜、牛奶、白巧克力都一樣）。

鮮奶油加熱

03
將鮮奶油與葡萄糖漿放入鍋中加熱煮至沸騰，關火。

Point 鮮奶油加熱煮沸才能達到殺菌的目的，能延長甘納許的保存時間；若未煮沸，不耐放易腐壞，則須在3日內食用完畢。

攪拌乳化

04
待沸騰的鮮奶油稍降溫到55℃，再沖入到已融化巧克力中拌勻。

Point 沸騰鮮奶油的降溫溫度，視巧克力溫度調整。
溫度調整參考如下：
・融化巧克力溫度40℃＋動物性鮮奶油55～60℃。
・未融化巧克力溫度20℃＋動物性鮮奶油75～80℃。

05

用橡皮刮刀從中心開始,順著同方向、盡量保持水平、按壓方式攪拌,減少將空氣拌入,直至使鮮奶油與巧克力融合。

06

鮮奶油中的乳脂可促使可可脂與液體融化完全,呈濃稠、滑順光澤質地,此為乳化現象。

完成乳化

07

乳化的過程中,必須隨時維持溫度在36～40℃。

08

乳化過程中若溫度下降,可將鍋子隔水加熱來進行乳化作業。一旦乳化完成,巧克力會呈現具彈性的狀態,油脂上出現的光澤也與先前的油亮方式不同。

Point 尚未完成乳化。

加入奶油

09

待巧克力乳化後,測量鍋子裡的溫度,若達到38℃,即可加入室溫回軟的奶油約25℃。

Point 若溫度低於38℃,就可將鍋子隔水加熱,待溫度上升後再加入奶油。若在低溫狀態加入奶油攪拌,奶油不易融於甘納許中,攪拌時間會隨著拉長,也容易拌入過多的空氣,完成的巧克力口感會較差。

10

用橡皮刮刀以按壓的方式攪拌奶油,至完全乳化均勻。

加入酒

11

最後加入酒攪拌混合均勻,至質地光滑細緻。

12

測量鍋子裡的溫度,完成基本甘納許的製作。

凝固與熟成

倒入模型中

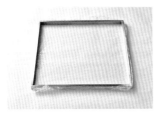

01

將巧克力專用塑膠模鋪在壓克力板上,再放上成型框(或配合壓克力板大小,擺放上外框)。

Point 甘納許在凝固的過程裡,多少都會收縮,以此種專用模,可以避免在表面形成皺折。

02

將製作完成的甘納許從角落開始均勻的倒入模型中(注意四角落不要有氣泡)。

03

用橡皮刮刀稍整平讓甘納許填滿四邊角落,再用抹刀將甘納許平整刮平。

冷卻凝固

04

放置16～18℃的室溫環境下靜置約24小時,讓甘納許確實凝固。

Point 此狀態凝固過程中所形成的結晶良好,熟成好的甘納許質地較佳,記得不能將甘納許靜置冷藏。

脫模

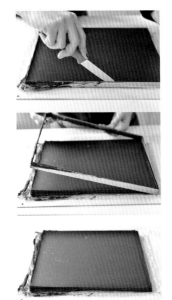

05

用小刀沿著模框四周劃開鋁條和甘納許的接縫,脫取下模框完成脫模。

切割與披覆

　　確實凝固熟成後的甘納許就可進行切割披覆（Coating）的製作過程。甘納許的成形主要有：使用模型做好巧克力外殼，再灌入甘納許內餡、封口成型；以及將甘納許倒入方形模框、凝固成型後，脫模、切割成適當大小，再披覆上外層巧克力兩種。這兩種常見的巧克力成形法，也是製作夾心巧克力（Bonbon）常見的「模型成型」（Moulded）、「披覆成型」（Coating）技法。

披覆成型技巧（Coating）

塗層、分割

01

在凝固的甘納許表面淋入調溫過的黑巧克力，用抹刀將其攤開抹平成薄薄一層披覆用調溫巧克力（可維持甘納許切割好的形體，避免披覆時變形；也較不易沾附巧克力叉上，能順利滑落放置巧克力膠紙上）。

02

待凝固，依夾心巧克力的大小來設定尺寸，裁切成正方體（或長方體）。

Point 正方體在Coating時，在巧克力叉上，較容易保持平衡，長方體則較不易。

分開擺放

03

將每顆甘納許分開擺放，放置室溫（16～18℃）靜置1天，使結晶穩定。

披覆

04

將披覆用的巧克力進行調溫（取約8分滿份量，進行微波調溫完成後，輕敲微波盆震出巧克力中的氣泡）。

05

利用巧克力叉將甘納許（塗抹薄層面朝上）平放調溫巧克力中，水平壓下，讓調溫巧克力稍微淹蓋過甘納許。

Point 披覆作業，每次只能操作一顆。

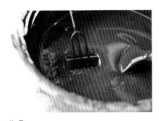

06

將巧克力叉平放甘納許底下，輕輕的將甘納許水平掬起（U字形的撈起動作），此時甘納許塗抹薄層面朝下。

07

再將巧克力叉略略輕敲容器邊緣，使多餘的巧克力滴落。

Point 若出現氣泡，需立即用巧克力叉戳破，否則一旦凝固後會形成凹陷坑洞（特別是濃稠度越高，越容易出現氣泡，且形成的氣泡越不容易破）。

08

輕輕拿起甘納許，用橡皮刮刀刮除沾附底部的多餘巧克力。

Point 保持巧克力叉的清潔乾淨很重要，若沾附的巧克力不馬上刮掉，會很快凝固，將會導致甘納許在移置時無法順利滑落，這時就得藉由其他輔助工具撥動，如此則會破壞表面的完整度。

披覆完成

09

立即將披覆巧克力甘納許輕輕滑落放置在巧克力膠紙上。

裝飾完工

10

在巧克力尚未凝固時裝飾完工。如用巧克力叉在表面劃上線條、用壓模片壓出圖紋，或用轉印貼紙做裝飾。

製作完美的披覆型巧克力，最重要的是維持披覆用調溫巧克力的溫度與狀態（流動性）。正確調溫後的巧克力，會逐漸凝結起來，整體會慢慢變得較為凝滯、甚至出現顆粒狀，因此作業中必須維持確保其在最佳狀態；若巧克力越來越濃稠（黏性變強），出現凝滯狀態時，可添加融化巧克力（50℃）來調整溫度，恢復原有流動狀態。

儘管披覆用的巧克力分量很有限，卻是突顯內餡美味不可輕忽的要點，因此在外殼、封口的作業時，除了要注意影響口感的厚薄度外，整體風味的協調搭配，以及影響化口性的可可脂含量也要一併列入考量才行。

模型成型技巧（Moulded）

前置作業

01

巧克力進行調溫。確認模型。若模型冰冷，巧克力會很厚，此時可用吹風機（或熱風槍）加熱模型。

製作巧克力外殼

02

將調溫過的巧克力擠入模型中填滿，用巧克力鏟立即將表面多餘的部分刮除，再拿起模型用巧克力鏟在側邊輕敲，使空氣釋出，讓氣泡消失、震平。

03

將模型立即倒扣過來，讓巧克力往下流，用巧克力鏟輕敲模型側面，震動讓多餘的巧克力滴落。

04

模型維持倒扣過來的狀態，用巧克力鏟將表面多餘的巧克力刮下。

Point

· 沾在刮刀上的巧克力，若不立即刮掉，會很快凝固，導致無法將巧克力處理乾淨。

· 造型外層的巧克力，相當於巧克力糖的容器，厚薄度須適中，太厚（巧克力多收縮力好）容易脫模，但會過於堅硬、不易化開影響口感；至於太薄（巧克力少收縮差）則不易脫模容易出現龜裂，外殼0.1cm以內的厚薄度最佳。

巧克力外殼完成

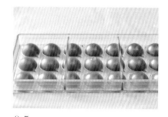

05

將模型倒扣在烤盤紙上。

06

待巧克力凝固、未完全固化前，將附著模型表面上的多餘巧克力刮乾淨。

07

用餐巾紙清理乾淨，不殘留巧克力，再將模型倒扣平放（側面有沾到巧克力的地方，也要鏟刮乾淨）。

填充甘納許（伯爵款示範）

08

製作內餡甘納許待溫度降至
26～28℃。將甘納許裝進擠
花袋中，剪開袋子前端。

09

將擠花袋口輕壓在巧克力外殼
上，平穩填入甘納許，至巧克
力殼約9分滿處，注意不要使
空氣跑進去。

Point 若填入過多甘納許，在
覆蓋封口的時候，甘納許容易溢
出；若填太少則巧克力底會變得
太厚，兩者都會大大影響口感。

10

底部隔著軟布墊，拿起模型平
穩輕敲，稍震平甘納許。放置
室溫16～18℃，待其凝固熟
成一晚。

封口

11

將調溫過的巧克力淋在**作法
10**表面，稍震平，表面覆蓋
膠片。

12

用巧克力鏟抹平推開到底，使
巧克力能完全覆蓋在甘納許表
面。

13

用巧克力鏟將附著模型四周的
多餘巧克力刮除，倒扣模型於
大理石檯面，放置室溫待冷卻
凝固，完成夾心巧克力外層的
底部。

Point 若不使用膠片（或轉印
紙）封底，直接用巧克力封底的
方式，須重複封口作業兩次，這
樣巧克力糖的底部才會平整。第
一次封底的巧克力會因凝固產
生收縮現象，底部會有凹陷
不平的情況，再重複封口作業平
整度才會好。

脫模

14

將膠片紙撕除，倒扣模型在工
作檯輕輕敲幾下，讓完成的巧
克力脫模即可。

Point 若有尚未脫模的巧克力，
小心移開脫模的巧克力後，再輕
敲扣取出即可；避免用手直接拿
取巧脫模的巧克力，容易留下指
紋或使其霧化。

多樣化的造型技巧

　　利用巧克力與食用色素的變化，組合出美麗的色澤花樣！除了口味、外型外，透過不同的裝飾技法在基本幾何形狀上做出色彩組合，能打造手製巧克力的獨特質感。塑型模型運用外，這裡並就色彩、裝飾搭配等，各種增添繽紛花樣的手法應用解說，用基本手法營造出視覺滿分的造型創意。

可可脂調色

　　巧克力的上色有多種方式技巧，基本的調色不乏有白巧克力加專用色素調色、可可脂調色，以及市售直接使用的PCB等幾種，至於上色的技法就更多樣化，結合不同的輔助工具，能營造出各式的質感與變化。

　　書中的巧克力上色，主要是以融化的可可脂為基底，加入相對一定比例的色素調製。利用可可脂為基底隔水融化，加上巧克力專用色素，就能調出各種帶有亮澤感的顏色，至於上色的工具，除了利用手指來塗抹暈染，也可搭配如噴槍或筆刷等不同的工具來操作。

　　可可脂的調色，主要使用的是巧克力專用色素（油溶性食用色素），一般來說是以可可脂與色素約15：1的比例為原則，過多或不足不僅會影響濃稠，也會讓操作時的困難度增加，因此，加熱融化可可脂，務必要控制好溫度（約45℃），注意溫度不可過度，以維持良好的流動性。

可可脂的調色	材料：可可脂150g、巧克力專用色素10g（可可脂：油溶性食用色素約15：1）

① 可可脂隔水加熱到完全融化約45℃。

② 將色素倒在大理石檯面。

③ 分次慢慢加入融化的可可脂。

④ 慢慢攪拌混合均勻至完全融合沒有顆粒。

⑤ 即成上色可可脂（紅色可可脂）。

Point

· 調好顏色的可可脂可裝罐密封，待使用時再微波加熱後即可使用。

· 一般用量不大時，可採用上述方式，若調製大量（2倍量）的可可脂時，可直接用均質機均質混勻，較方便。

巧克力專用油性色素

油溶性色粉，可添加在可可脂中使用。與融化的可可脂混合均勻後使用，用於提升巧克力的視覺效果；也有廠商（PCB）販售已調色油溶性色素。

巧克力上色

搭配上色噴槍使用的調色可可脂，要保持在38～40℃狀態，溫度過高或太低都會造成上色操作的困難。若調色可可脂的溫度過高，流動性高，進行模型的噴灑時，就會有像水霧噴在玻璃般往下方流動的現象，不容易凝固。相對地，若溫度過低，濃稠、流動性低的狀態，則在上色時容易因凝結造成噴槍的堵塞，影響上色的效果。

色彩的搭配，雖然可透過各式手法組合出多變的色澤花樣，但還是要以乾淨優雅為原則重點。而由於白色可可脂帶有特殊的味道，使用時注意不可上色太厚，避免濃厚的味道干擾巧克力的風味。

另外若想讓原本的顏色更具光澤感，可在上色可可脂裡調入適量的白色可可脂混勻，可提升亮澤的視覺效果。

模型巧克力最迷人的地方要算是多樣性的花樣變化了，不只口味與造型組合多變，裝飾顏色變化更是五彩繽紛。模型巧克力的花樣製

作，通常是在巧克力外殼用塗抹或噴灑上專用色素來完成美麗花紋。也就是利用食用色素、或調溫巧克力在使用的巧克力模型底部先完成圖紋花飾後，再用調溫過的巧克力製作出薄薄的巧克力外層（外殼）。

薄層的外殼以黑巧克力為主，一般來說在做巧克力外殼時，除了模型底層使用的色彩是紅色或金屬色系之外，若是使用其他色彩的，在上完底層顏色後，會再上一層白色隔絕（主要目的在於烘托，突顯底色），確保在接續的黑巧克力外殼製作完成時，不會因黑色層的覆蓋而使得效果大打折扣。

巧克力上色（噴槍上色）

材料：可可脂、巧克力專用色素（綠、黃、金綠、白）

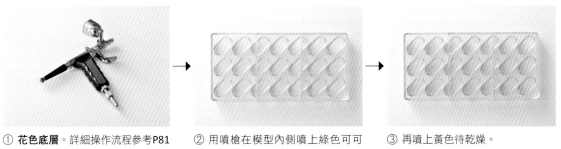

① **花色底層**。詳細操作流程參考P81步驟1-5，製作2種上色用可可脂（綠、黃），再分別倒入巧克力噴槍（噴槍口徑0.3mm）。

② 用噴槍在模型內側噴上綠色可可脂待乾燥。

③ 再噴上黃色待乾燥。

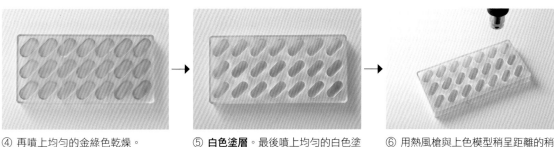

④ 再噴上均勻的金綠色乾燥。

⑤ **白色塗層**。最後噴上均勻的白色塗層待乾燥完成上色。

⑥ 用熱風槍與上色模型稍呈距離的稍加熱。

⑦ 用巧克力鏟將表面上色的部分刮除。

⑧ 再用拭紙巾擦拭乾淨。

⑨ 即可使用。

各式花樣的上色技巧

藉由模型的形狀增添變化，搭配複合素材，
經由不同的上色技法展現艷麗的色澤，讓模型巧克力更加出色。

| 不用噴色器具 | 使用噴色器具 | 使用噴色器具 |

1

塗抹上色

變化巧克力的顏色，用指腹
或筆刷沾取上色可可脂塗抹
模型，做出不同韻味的變
化。

2

單色

用噴槍在模型噴上基底色完
成單一上色，可使巧克力呈
現晶瑩純粹的亮澤。

3

堆疊

用畫筆沾取色素（2種不同
顏色），在模型裡以重疊塗
抹的方式畫出美麗的花紋。
先塗抹花紋待顏色凝固，在
底層色素上重疊塗抹花紋待
凝固後，塗抹上薄薄的白色

使用噴色器具

使用噴色器具

使用噴色器具

4

漸層

用噴槍在模型裡,用噴飾的方式噴上2種以上的漸層顏色。先噴上第一層顏色待凝固,再噴上第二、三層顏色待凝固後,塗抹上薄薄的白色塗層,完成漸層的美麗花樣。

5

混色

在噴槍裝置顏色的容器槽中,放入金屬色液與其他顏色色液做混和,用噴槍在模型裡噴上均勻色素,營造出質感顏色。

6

噴砂

①巧克力與可可脂(1:1)加熱融化約38～40℃。

②在表面先噴上巧克力冷卻劑,使其外層溫度下降。

③用噴槍(噴槍口徑1～1.2mm)噴上噴飾上色可可脂。

④重複噴冷卻劑與上色約3次至表面形成噴砂效果。

7

雙色大理石紋

①將調溫過黑巧克力在基底的調溫過白巧克力中擠入十字線條。

②將已填滿內餡的巧克力球浸覆巧克力，完全沾覆均勻。

③取出時做旋轉的動作，滴落多餘的巧克力。

④插置固定，待凝固，做出雙色螺旋大理石紋。

8

添加糖漬果乾等配料

變換模具或擠花方式做出各種造型，再擺放各種美麗的果乾，營造華麗繽紛視覺。

9

使用轉印貼紙／紋片壓片模

轉印紙的花樣極富變化，搭配合適的樣式就能做出各式不同的造型變化。將轉印貼紙的粗糙面朝下（或紋片壓片模），水平鋪放在披覆完成巧克力表面（尚未乾燥），平均稍按壓，冷卻凝固後撕下轉印貼紙。

可結合兩種不同的裝飾，
搭配堅果造型的裝點與圖
紋線條的裝飾，增加口感
層次，造型口感俱佳。

其他裝飾技巧

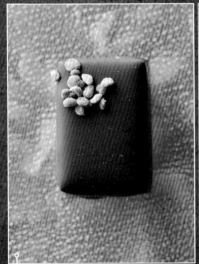

其他裝飾技巧

其他裝飾技巧

10

擺放果乾裝飾

利用色澤繽紛的果乾等素
材，在披覆完成的巧克力表
面做畫龍點睛的點綴，做出
美觀亮麗的造型。

11

擠花袋描繪線條

將調溫過的巧克力裝入三角
紙袋，在完成的巧克力表面
擠畫線條，製作出美麗的圖
紋花樣。

12

塗抹金屬粉

將少量酒精濃度40%酒與金
屬粉混合。用畫筆沾取顏料
在巧克力表面畫出線條製造
亮麗的線條。
或者重疊抹上兩種顏色，做
出不同的顏色層次，創造高
級華麗感。

準備漂亮的包裝盒，
擺放不同花色的巧克
力，能營造出華麗的
高級質感。

夾心巧克力的賞味與保存

夾心巧克力（Bonbon）的最佳賞味期就是剛完成，趁新鮮時的狀態品嘗風味最佳，其後隨存放時間風味會日漸消散劣變。注意不要讓巧克力因為溫差而使表面形成油斑或糖斑的劣變情形，會使巧克力的風味變差。

賞味與保存

巧克力不適合長時間在室外高溫，若是在外購買的巧克力，可放在保冷袋中（加放保冷劑）以延長保冰，並儘快帶回家保存。

保存時要放在不會接觸到陽光、保持特定低溫的環境，像一般家中的儲放紅酒的紅酒櫃，就能有效隔絕水氣，是很理想的保存環境。存放時，可將完成的巧克力，呈並排的方式（不要相疊）整齊的擺放進密閉容器中存放，再放置紅酒櫃中儲放。

原則上巧克力理想的保存溫度為室溫16～18℃、濕度45～50%環境。但若室溫溫度太高，建議可將巧克力冷藏，放冰箱前務必先用密封袋包好才能隔絕冰箱中的水氣與異味。食用時，從冰箱取出，在密封的狀態下先放室溫回溫，讓巧克力稍為復甦，提高化口性，味道口感較好。

依夾心巧克力內餡種類的不同保存的天數長短也不同。水分成分高的甘納許保存時間較短，甘納許（Ganache）內餡約3～14天、焦糖堅果（Praline）內餡約3個月、酒糖心內餡6個月。

贈禮包裝

巧克力是相當嬌貴的食材，儲存環境的溫度與濕度都會對它產生影響，所以要特別注意。一旦以手直接碰觸容易損及巧克力，或是在光滑的表面留下指紋，會影響外觀完整度。包裝送禮時，建議最好戴上棉質手套或以木質夾子輕輕夾取進行，避免與手直接的接觸。裝放盒子時可在專用的包裝盒中，先鋪放尺寸適合的紙模，再分裝入不同花色、口味的巧克力。

製作巧克力的基本工具

製作巧克力所需的工具在事前要備妥，方便作業的操作進行，
這裡就基本的器具、配備與特殊技巧使用的器具介紹。

❶ **電子秤**：量測材料的使用份量。

❷ **鋼盆（或玻璃盆）**：用來隔水加熱，或製作甘納許時使用。

❸ **單手鍋**：用來熬煮糖漿等食材，或加熱使用。

❹ **溫度計**：調溫或製作焦糖、果醬時可測定溫度。選用較正確的數位式或者非接觸式，如數位溫度計、紅外線測溫槍。

❺ **打蛋器**：攪拌混合食材使用。

❻ **橡皮刮刀**：熬煮食材時用來攪拌，也可用來攪拌、撥動巧克力使用。

❼ **篩網**：用於過篩粉類或過濾，盡量選用網目較細的網篩。

❽ **抹刀**：用來刮平平整或塗抹，有高低差的L型與直型。

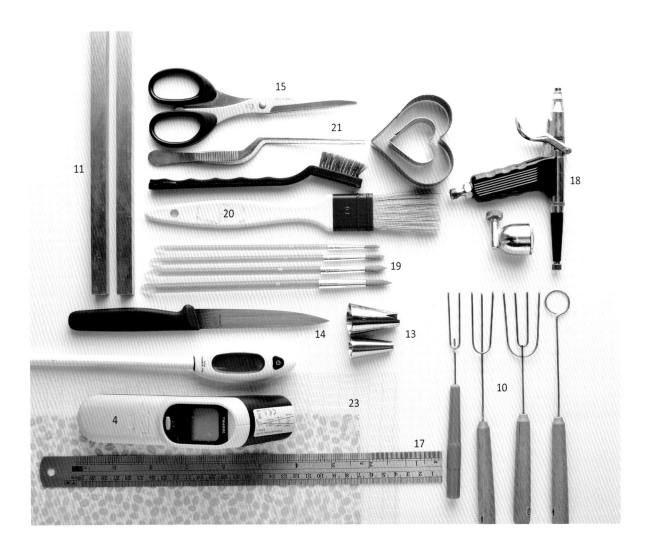

9 巧克力鏟刀：三角形金屬刮刀，調溫操作時用來延展巧克力，或刮落沾附巧克力模型上多餘的巧克力使用。

10 巧克力叉：製作巧克力專用的叉子。有2～4根的疏齒狀造型，用在沾裹披覆使用。

11 巧克力壓條：固定、平整厚度。

12 矽膠墊：脫模、待凝固成型時可在矽膠墊上進行。

13 擠花袋、花嘴：可搭配花嘴使用，用於食材的填充和擠製。

14 小刀：切細材料，或輔助模框巧克力的脫模。

15 剪刀：剪裁用途。

16 刨刀：刨取食材細屑。

17 直尺：量測長寬尺寸使用。

18 噴筆與壓縮機：用於巧克力的噴飾上色。

19 筆刷：塗刷色素、點畫珍珠粉等。

20 毛刷：用在塗抹與裝飾性的刷抹線條紋路的操作。

21 鑷子：用於金箔的點綴裝飾等細微的作業。

22 竹籤：用於拉出精巧的造型線條，不會留下指紋及污漬。

23 巧克力紋片紙、轉印紙：用於夾心巧克力的造型裝飾。

巧克力專用的模型

使用的巧克力模型都是基本的樣式，了解模型的材質特性，
善加運用，變化出各種閃耀有型的美味巧克力。

模型的選用

巧克力專用模型有各種不同材質與形狀，如矽膠
墊、聚乙烯製、矽膠製、聚碳酸酯製，也可將兩
個模型組合做成立體形狀等，可就用途選擇適合
的材質使用。其中，圓形、可可豆形等形狀簡單
模型較好操作，複雜形狀、高低落差大、或凹凸
造型在脫模時有其困難度，就應慎選使用，因
為操作不當的話，容易有氣泡產生，無法順利脫
模，清洗時也較不容易。

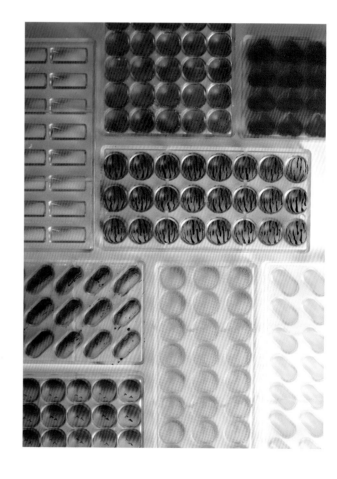

聚碳酸酯製模型

適用於要填充甘納許等材料的巧克力製作。材質
較為堅固穩定，利於震敲或者刮刀刮取巧克力。

矽膠製模型

適用於灌入巧克力凝固塑型。凝固後由底部推擠
即可脫模。

聚乙烯製模型

透明且薄的塑膠輕盈材質。此種模型用來灌入巧
克力後待其凝固塑型。

模型的養護

各種材質的模型中，以聚碳酸酯製（壓克力）的
使用較多，此種材質較堅固，利於灌模後振動、

刮刀刮取操作也方便脫模。模型使用過後，用溫
熱水及中性清潔劑，搭配海綿（或棉布）擦洗清
理，沖洗乾淨後用柔軟的巾布擦乾，噴灑食用酒
精，以棉花拭淨、收放。擦洗清理時，不可使用
質地粗糙的菜瓜布，容易刮損模型。

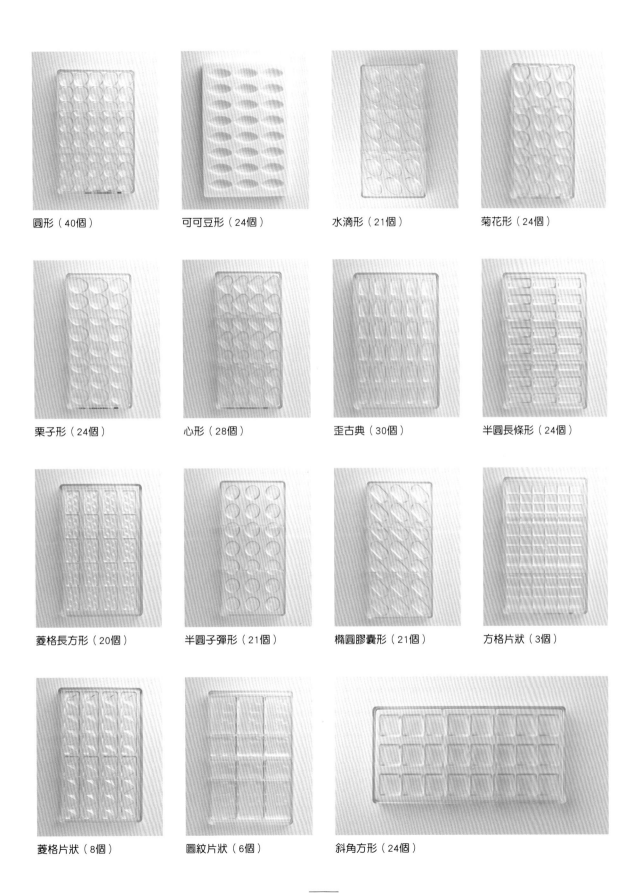

圓形（40個）　　可可豆形（24個）　　水滴形（21個）　　菊花形（24個）

栗子形（24個）　　心形（28個）　　歪古典（30個）　　半圓長條形（24個）

菱格長方形（20個）　　半圓子彈形（21個）　　橢圓膠囊形（21個）　　方格片狀（3個）

菱格片狀（8個）　　圖紋片狀（6個）　　斜角方形（24個）

提升美味的搭配用料

巧克力的本身就非常的濃醇美味，與很多的食材也很合拍，
運用風味食材的特性做搭配，交織出巧克力深層風味。

堅果類

用在表面裝點時，除了口味的協調，更要講究配
色。未處理過的生堅果香氣較不足沒有芬芳的香
氣，用烤箱稍微烘烤後不只味道會更香醇，外觀
也會較上色，因此使用之前最好烘烤過。烘烤的
時間依火力大小而有不同，大約15分鐘左右，稍
微上色即可。

果乾類

果乾保有水果天然的濃縮甜味與香氣，直接食用
或搭配都適宜；在作為內餡用料的果乾，可先以
酒浸漬過，風味會更加豐富。用途也相當廣泛，
入料、裝點使用外，沾裹巧克力後就是相當經典
的法式甜點，嘗試不同的果乾種類，或變換巧克
力的顏色與口味，就能變化出各種不同風味。

粉末類香料

香草莢獨特的香氣能使味道顯得更高級，香草莢
使用前要剖開，刮取香草籽，連同香草莢加熱才
能釋出芳香的氣味。研磨成粉的紅茶粉、抹茶
粉、咖啡粉等，不僅可以增添鮮艷的色澤，也可
變化口味。粉末狀的香料要過篩後再使用。

新鮮水果

稍微添加刨下的柑橘類皮屑，或者果汁，就能帶
出清爽的香氣與味道。但要注意在刨取檸檬、柳
橙這類的果皮時，不要深及白色皮部分，否則會
帶有苦味。

酒類

白蘭地和蘭姆酒幾乎和所有的甜點都很對味，
「君度橙酒」、「柑曼怡」和櫻桃利口酒「櫻桃
白蘭地」也廣為使用；另外在地釀製的特色小米
酒、高粱也別有一番特殊風味。就食材特色適量
添加運用，能提升深度氣味，呈現獨特又迷人的
豐富層次。

手作配料食材

搭配新鮮水果運用時，可以將水果熬煮濃縮成果
醬（使水分揮發降低含水量）後使用，這樣能避
免水含量過高的問題，混在鮮奶油中製作甘納許
時才能充分乳化，不會產生油水分離的情形。

① 夏威夷豆	⑬ 乾燥草莓碎粒
② 黑胡椒粒	⑭ 乾燥洛神花
③ 開心果	⑮ 糖漬栗子
④ 花椒粒	⑯ 咖啡豆
⑤ 榛果	⑰ 蔓越莓乾
⑥ 核桃	⑱ 食用玫瑰花
⑦ 草莓果乾	⑲ 鳳梨乾
⑧ 白芝麻	⑳ 香草莢
⑨ 芭樂乾	㉑ 杏仁果
⑩ 紅茶葉	㉒ 杏桃乾
⑪ 檸檬片	㉓ 荔枝乾
⑫ 芒果乾	㉔ 乾燥桂花

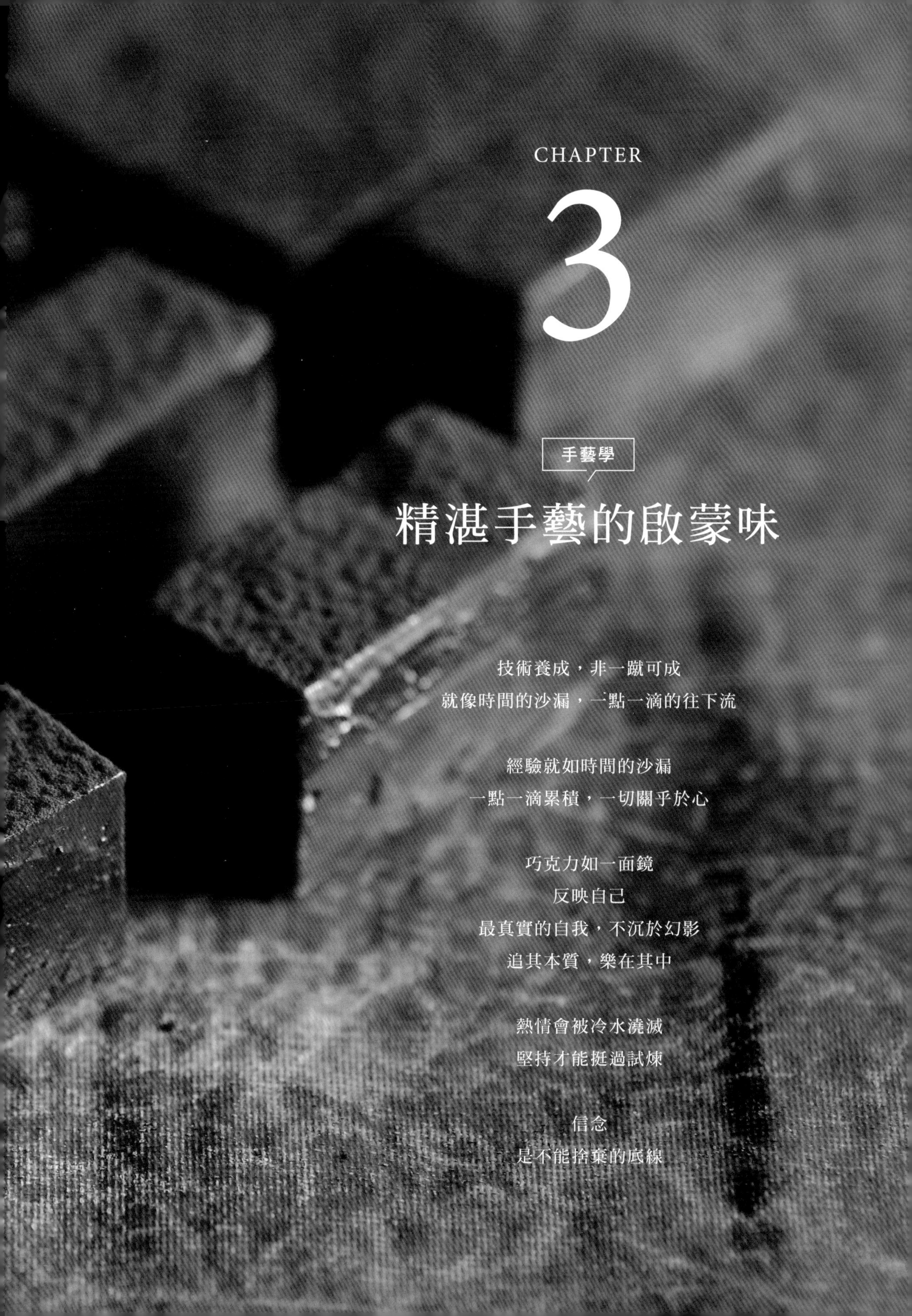

CHAPTER

3

手藝學

精湛手藝的啟蒙味

技術養成，非一蹴可成
就像時間的沙漏，一點一滴的往下流

經驗就如時間的沙漏
一點一滴累積，一切關乎於心

巧克力如一面鏡
反映自己
最真實的自我，不沉於幻影
追其本質，樂在其中

熱情會被冷水澆滅
堅持才能挺過試煉

信念
是不能捨棄的底線

MENDIANTS

蒙蒂安巧克力

搭配4種堅果與果乾的傳統法式巧克力點心，當學會巧克力調溫技巧，就能變換
巧克力的顏色與口味，讓乾果巧克力的風味與外型更加亮麗，更加美味可口。

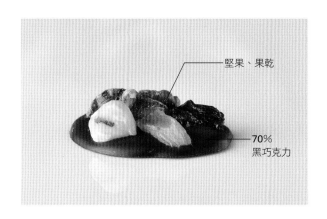

堅果、果乾

70%
黑巧克力

INGREDIENTS

（份量／直徑約4cm圓形20個）

A 70%黑巧克力 .... 適量
  ＊Cacao Barry「Ocoa」可可
  含量70%

B 熟核桃 .... 適量
  熟榛果 .... 適量
  杏桃乾 .... 適量
  蔓越莓乾 .... 適量

STEP BY STEP

前置工作

01
詳細操作流程參考P65-66步驟
1-9，將黑巧克力調溫。

02
將調溫過巧克力裝入擠花袋，
開口擰收，用剪刀將尖端處剪
開約0.5cm。

▼

擠製塑型

03
檯面放置木板、鋪放巧克力膠
片紙。在膠片紙上擠出圓滴狀
（重約8g）。

04
連同木板拿起用手在底部輕拍
1～2下，平整巧克力。

Point 趁未凝固之前，輕敲使
其變平坦；由於巧克力變硬的
速度很快，因此時間要注意掌
控得當，以免巧克力變硬無法
與果乾貼合。

05
表面平均擺放上烤過的核桃、
榛果、杏桃乾、蔓越莓乾。

06
用手指輕輕按壓配料，待凝
固、定型即可。

Point 巧克力的口味，以及表
面的果乾可隨加自己的喜好口
味搭配變化。

STRAWBERRY SNOWBALL

淡雪莓粒果

草莓牛奶的滋味加上米香的風味與脆度,具獨特的咬感,外層裹滿粒粒分明的米果,看起來就像是顆雪球,保存時需放乾燥劑,避免米香受潮軟化。

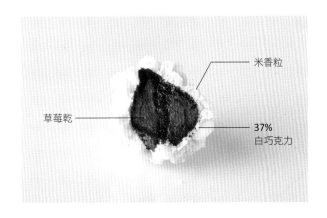

米香粒

草莓乾

37%
白巧克力

INGREDIENTS

（份量／約20個）

33%白巧克力.................. 適量
＊Michel Cluizel「Elianza White
　chocolate」可可含量33%

草莓果乾........................ 適量
烘焙米香粒 .... 適量

STEP BY STEP

前置工作

01
詳細操作流程參考P65-66步驟
1-9，將白巧克力調溫。將完
成調溫白巧克力放入容器中。

沾裹調溫巧克力

02
備妥米香粒與草莓果乾。

03
用巧克力叉將草莓果乾浸入調
溫過白巧克力中，在巧克力中
轉圈使其均勻沾裹白巧克力。

04
取出在容器邊緣輕敲，使多餘
的白巧克力滴落容器中，並刮
落多餘的白巧克力。

沾裹米香粒

05
將草莓果乾巧克力迅速放在米
香粒中稍滾動，稍按壓使整體
均勻沾裹。

Point 巧克力一旦凝固，就不
好沾裹米香粒，要盡快進行。

06
間隔地排放在巧克力膠紙上，
待巧克力凝固。

CARAMEL
ALMOND

003

CARAMEL ALMOND

焦糖杏仁巧克力

杏仁堅果爽脆，焦糖香氣，滑順巧克力3者完美結合，焦糖杏仁裹附巧克力，清脆帶有飽滿的可可香氣，多層次香脆口感，吃得到焦糖與酥脆果香的杏仁巧克力。

可可粉

70%
黑巧克力

杏仁果

INGREDIENTS （份量／約375g）

A 70%黑巧克力 120g
　 ＊Cacao Barry「Ocoa」可可含量
　 70%

B 帶皮杏仁果 375g
　 細砂糖 80g
　 水 40g
　 無鹽奶油 20g

表面用

可可粉（L'Opéra）............. 適量

前置工作

01
詳細操作流程參考P65-66步驟1-9，將黑巧克力調溫。

02
帶皮杏仁果不要重疊攤開烤盤上，放入烤箱用上火180℃／下火150℃，烤約20分鐘烤熟。

Point 在焦糖化的過程中還會再度加熱，因此只需要稍微烤上色，不能烘烤過度。

製作焦糖

03
將細砂糖、水放入鍋中，中火加熱到砂糖融化。

04
倒入烤好杏仁果一起加熱煮至糖漿沸騰，讓杏仁果沾裹勻糖漿。

05
轉中火不停攪拌到形成粉狀結晶。

06
直到糖融化形成焦糖。

07
加入奶油拌勻至轉為焦糖色，立即離火。

Point 奶油的油分可使杏仁完全分開，待轉為焦糖色就要離火。

08

將杏仁果倒在烤焙紙上（或矽膠墊），迅速攤展撥開，讓杏仁一顆顆地分開至冷卻。

Point 若冷卻的話會凝固，所以要盡快俐落的邊翻動撥弄分離。

▼

披覆調溫巧克力

09

杏仁果裝入容器中，再倒入調溫過巧克力攪動翻拌沾裹均勻。

Point 操作中若巧克力已降溫了，可稍微加熱回溫後再繼續操作。

▼

沾裹可可粉

10

將**作法9**倒入可可粉中用手稍撥動翻拌，使杏仁巧克力均勻沾裹可可粉。

11

再放入細目網篩中過篩。

12

篩除多餘的可可粉即可。

Point 為避免受潮影響風味口感，吃不完的杏仁巧克力記得密封，放陰涼乾燥處保存，並盡快食用完畢。

TRUFFES

004

$\boxed{\text{TRUFFES}}$

濃情松露巧克力

外型狀似蕈類的夾心巧克力，不含有任何松露的成分，是以巧克力與甘納許混合而成，外層沾裹薄薄可可粉，作法單純，風味變化多樣；也可運用剩餘的甘納許內餡加以延伸製作。

可可粉 —

— 70%
黑巧克力

— 甘納許

INGREDIENTS （份量／18×18cm正方形框1模）

甘納許

73%黑巧克力........................ 245g
＊Belcolade「Noir Pur Amer」可可
　含量73%

動物性鮮奶油 225g
葡萄糖漿 35g
無鹽奶油 30g
白蘭地 30g

披覆用

70%黑巧克力
＊L'Opéra「Carupano」可可含量
　70%

外層沾裹

可可粉（L'Opéra）.............. 適量

甘納許

01

將鮮奶油、葡萄糖漿放入鍋中加熱煮至沸騰。

02

待稍降溫約55℃。

03

將**作法2**倒入已融化的黑巧克力中。

04

充分攪拌均勻,至乳化,出現光澤、柔滑狀態約38℃。

Point 乳化,不要超過40℃(苦甜、牛奶、白巧克力都一樣)。

05

加入室溫軟化的奶油緩緩攪拌勻。

06

再加入白蘭地酒拌勻。

Point 酒在加熱後,香氣會揮發,因此添加在完成後的甘納許中,攪拌均勻。

準備模型

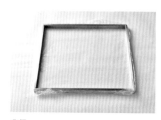

07

備妥18×18cm成型框,底部鋪上保鮮膜。

塑型

08

將甘納許倒入模型中,用抹刀將表面刮平,平整表面,放室溫(16～18℃)靜置一晚,待凝固熟成約24小時。

09

脫取下模框。用溫熱過的刀切割，裁切邊緣，切成2×2cm的正方形。

▼

篩灑、整型

10

用網篩在表面篩灑上可可粉。

11

雙手戴手套稍沾附可可粉，將**作法10**搓揉成圓球狀。

Point 在手上沾上少許可可粉再搓揉，可避免沾黏，利於操作。

12

雙手沾上適量調溫過黑巧克力，將**作法11**在手心裡滾動沾附薄薄一層，間隔排放烤焙紙上，放置室溫（18～20℃）待表面沾裹的巧克力凝固。

▼

披覆、裹粉

13

用巧克力叉將巧克力球，浸入調溫過黑巧克力中沾裹勻巧克力，再撈取出，輕敲讓多餘的巧克力滴落。

14

放入可可粉中，讓表面的巧克力稍凝固，再輕滾動沾裹勻可可粉。

15

放置烤盤紙上室溫靜置。

Point 因巧克力的質地柔軟，在裹附可可粉時動作也要輕柔。

NAMA
CHOCOLATE

005

NAMA CHOCOLATE

生巧克力黑磚

「生」源於新鮮、fresh的意思，意指在巧克力中加入鮮奶油製作，口感細緻滑潤，質感溫潤如絲絨，味道淺甜而不膩，融化舌尖，極具魅力的滑順微妙滋味。

可可粉

甘納許

70%
黑巧克力

INGREDIENTS （份量／12×12cm正方形框1模）

甘納許

70%純苦黑巧克力................ 125g
＊Valrhona「Guanaja」可可含量70%

動物性鮮奶油 100g
葡萄糖漿 35g
無鹽奶油.................................. 20g
威士忌..................................... 15g

塗層用

70%黑巧克力
＊L'Opéra「Carupano」可可含量
　70%

外層沾裏

可可粉（L'Opéra）............. 適量

甘納許

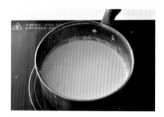

01
將鮮奶油、葡萄糖漿放入鍋中加熱煮至沸騰，待稍降溫約55℃。

02
將**作法1**倒入已融化的黑巧克力中，充分**攪拌**均勻，至乳化，出現光澤、柔滑狀態約38℃。

03
加入室溫軟化的奶油緩緩攪拌勻。

04
再加入威士忌酒拌勻。

▼

準備模型

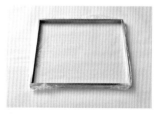

05
備妥12×12cm成型框，底部鋪上保鮮膜。

▼

塑型、塗層

06
將甘納許倒入模型中，用抹刀將表面刮平，平整表面，放室溫（16～18℃）靜置一晚，待凝固熟成約24小時。

07
脫取下模框。在表面淋入調溫過的黑巧克力，用抹刀攤開抹平成薄薄一層，待其凝固。

08

用溫熱過的刀切割，裁切邊緣，切成1.5×3cm的長方形。

▼

篩灑可可粉

09

用篩網在表面篩灑上一層厚厚的可可粉。

抹茶生巧克力

INGREDIENTS

抹茶甘納許

35%白巧克力280g

＊Domori「White chocolate」可可含量35%

動物性鮮奶油160g

浜佐園抹茶粉16g

無鹽奶油40g

塗層用

72%黑巧克力

＊Domori「Apurimac」可可含量72%

外層沾裹

抹茶粉：防潮糖粉（約1:1）

STEP BY STEP

① 抹茶甘納許。鮮奶油放入鍋中加熱煮至沸騰，待稍降溫約58℃。

② 白巧克力隔水融化後（約35℃），加入過篩抹茶粉混合攪拌均勻。

③ 將作法1倒入作法2中，攪拌混合均勻，至乳化出現光澤、柔滑狀態約38℃，再加入室溫軟化的奶油攪拌均勻即成。

④ 準備模型。將14.5×14.5cm成型框底部鋪上保鮮膜。

⑤ 塑型、塗層。將抹茶甘納許倒入模型中，用抹刀將表面刮平，平整表面，放室溫（16～18℃），待凝固熟成約24小時。

⑥ 脫取下模框。在表面淋入調溫過黑巧克力，用抹刀攤開抹平成薄薄一層，待其凝固。用溫熱過的刀切割，裁切邊緣，切成1.5×3cm長方形。

⑦ 篩灑抹茶粉。抹茶粉與防潮糖粉等比例混合均勻。用篩網在表面篩灑上一層厚厚的抹茶糖粉即可。

PETA CRISPIES

心 跳 百 分 百

雖是100%的黑巧克力,味道苦但後韻卻能回甘,搭配巧克力跳跳糖,跳跳糖融
化舌尖,就像是心動觸電的時刻。

巧克力
跳跳糖

100%
黑巧克力

INGREDIENTS

（份量／心形壓切模約20個）

100%黑巧克力.................200g
＊Domori「Morogoro」可可含
　量100%

巧克力跳跳糖 60g

STEP BY STEP

前置工作

01
詳細操作流程參考P65-66步驟
1-9，將黑巧克力調溫。

▼

塑型、壓模

02
將調溫過巧克力倒在鋪平的
巧克力轉印紙上（平滑面朝
底）。

03
用抹刀迅速攤展抹開。

04
將抹平的巧克力移置木板上。

05
立即撒上巧克力跳跳糖。

Point 要趁還沒完全固化時用
壓模壓切，若已完全固化後壓切
會造成不規則的碎裂情形。

06
待冷卻凝固尚未完全固化前，
用心型壓模輕按壓，取出心型
巧克力即可。

Point 使用壓模壓切巧克力
時，戴上棉布手套操作可保護雙
手。

Pineapple

Tomato

007 /

FRUIT CHOCOLATE

Strawberry

Apricot

Guava

007

甜蜜蜜果乾巧克力

嘗試變各種的果乾材料搭配不同的巧克力。由於糖漬水果本身就具有甜味，原則上較適合搭配可可成分較高的巧克力。

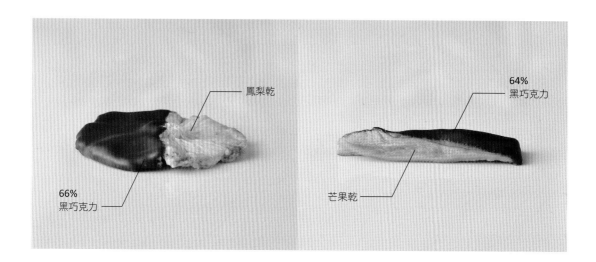

鳳梨乾

64%
黑巧克力

66%
黑巧克力

芒果乾

INGREDIENTS （份量／鳳梨果乾20片、芒果果乾10片）

巧克力

66%黑巧克力...................... 適量
＊Valrhona「Alpaco」可可含量66%

64%純苦巧克力.................. 適量
＊Valrhona「Manjari」可可含量64%

水果乾

鳳梨乾.................................20片
芒果乾.................................10片
（杏桃果乾、芭樂果乾、草莓果乾、蔓越莓乾、番茄果乾）

前置工作

01
詳細操作流程參考P65-66步驟1-9，將愛爾帕寇黑巧克力調溫。

02
詳細操作流程參考P65-66步驟1-9，將孟加里純苦巧克力調溫。

03
備妥水果果乾。

Point 芒果條或鳳梨乾若質地偏濕潤，可稍烘烤處理，確保風味品質；水含量過多的話，浸裹巧克力後水分會滲出來，不只影響口感，也容易腐壞，沒辦法久存。

▼

沾裹調溫巧克力

04
將調溫巧克力分別放入容器中。

05
鳳梨乾。將鳳梨乾放入調溫過黑巧克力中，使其1/2部分沾裹巧克力。

06
取出，輕敲讓多餘的巧克力滴落。

07
呈間隔地排放在巧克力膠紙上（或烤焙紙），待巧克力凝固。

08
芒果乾。芒果乾切成細長片狀。將芒果片傾斜放入調溫純苦巧克力中，使1/2對稱斜角沾裹勻巧克力。

09
輕敲讓多餘的巧克力滴落。

10
其他果乾。沾裹操作。芭樂乾、杏桃乾、草莓乾、蔓越莓乾、奇異果、火龍果等都很適合與巧克力搭配，各有不同的風味。

ARRANGE
※變換各種材料。嘗試變各種的果乾材料搭配不同的巧克力。

※Alpaco66%帶濃郁的可可香氣與巧克力苦味，與酸甜的鳳梨果乾味道相襯；鳳梨微酸清甜的滋味香氣，交疊濃郁的可可香味苦韻，紮實Q軟、滑順不膩。

※Manjari64%是帶有柑橘類風味並具有酸味的巧克力，與芒果果乾搭配，能讓果乾巧克力在品嘗時能有更多層次風味的展現。

RAW CHOCOHLATE

黑鑽巧克力

Bean to Bar製程中烘焙的階段,將可可豆用48～50℃低溫烘乾製程的巧克力,
此法能保留較多的可可豆營養成分與可可豆本身的風味,適用品質好、風味佳
的可可豆。

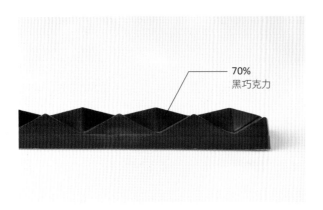
70%
黑巧克力

Point 調溫巧克力與模型的溫差最好控制在7℃；溫差過大會影響巧克力的收縮，若模型溫度太低收縮效果會變低，成製的巧克力會不好脫模。通常使用的模型溫度約在23℃左右。

INGREDIENTS

（份量／30g×16）

70%黑巧克力................. 500g
＊Bean to bar製成的黑巧克力

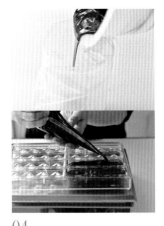

04

將調溫過黑巧克力裝進擠花袋，平均擠入模型中至模型邊緣。

準備模型

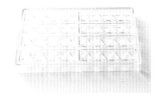

02

將巧克力模型清理乾淨。

05

底部隔著軟布墊，輕敲出氣泡，平整表面。

STEP BY STEP

前置工作

擠製塑型

03

用熱風槍（或吹風機）呈適當距離朝著巧克力模型加熱升溫到與巧克力溫差7℃。

06

放置室溫（18～20℃），待凝固與模具分離，脫模即可。

01

詳細操作流程參考P65-66步驟1-9，將黑巧克力用大理石調溫法完成調溫。

009

CHOCOLATE &CACAO NIBS

可可豆碎巧克力

只需要倒入調溫巧克力就可以完成的板狀巧克力，添加可可豆碎粒，增添咀嚼口感與完整可可豆的風味。

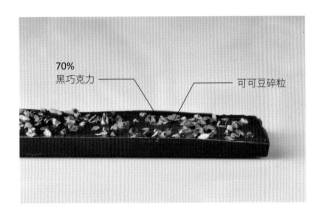

70%
黑巧克力　　　　　　　可可豆碎粒

INGREDIENTS

（份量／6片）

70%黑巧克力................. 300g
＊ Bean to bar製成的黑巧克力

可可豆碎粒 .... 適量

STEP BY STEP

前置工作

01
詳細操作流程參考P65-66步驟
1-9，將黑巧克力用大理石調
溫法完成調溫。

準備模型

02
將巧克力模型清理乾淨。

擠製塑型

03
用熱風槍（或吹風機）呈適當
距離朝著巧克力模型加熱升溫
到與巧克力溫差7℃。

04
將調溫過黑巧克力裝進擠花
袋，平均擠入模型中至模型邊
緣。

05
底部隔著軟布墊，輕敲出氣
泡，平整表面，灑上可可豆碎
粒。

06
放置室溫（18～20℃），待
凝固與模具分離，脫模即可。

010

柴燒海鹽巧克力

鹽味的表現適合搭配70%以下的巧克力，鹽不僅只可以平衡甜膩風味口感，也能烘托帶出深沉的豐富滋味。

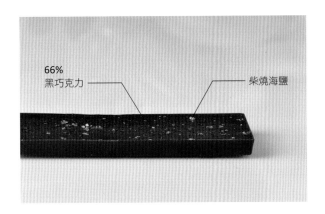

66%
黑巧克力 ——— 柴燒海鹽

04
將調溫過黑巧克力裝進擠花袋，平均擠入模型中至模型邊緣。

05
底部隔著軟布墊，輕敲出氣泡，平整表面，灑上柴燒海鹽。

06
放置室溫（18～20℃），待凝固與模具分離，脫模即可。

INGREDIENTS

（份量／6片）

66%黑巧克力....................300g
＊Bean to bar製成的黑巧克力

柴燒海鹽.........................適量

準備模型

STEP BY STEP

前置工作

01
詳細操作流程參考P65-66步驟1-9，將黑巧克力用大理石調溫法完成調溫。

02
將巧克力模型清理乾淨。

擠製塑型

03
用熱風槍（或吹風機）呈適當距離朝著巧克力模型加熱升溫到與巧克力溫差7℃。

開心檸檬

CHOCOLATE BAR

粉紅夏威夷

011

板狀白巧克力

利用調溫巧克力不同顏色特性，呈現出不同風味形體，形形色色的堅果與果乾，能為巧克力增添口感風味，以及繽紛的視覺效果。體驗巧克力在口中散發出的不同感受吧！

草莓碎粒 ——　　　　　　　　—— 夏威夷豆　　　開心果 ——　　　　　　　　—— 檸檬果乾

32%
白巧克力　　　　　　　　　　　　　　　32%
白巧克力

INGREDIENTS （份量／粉紅夏威夷12片、開心檸檬6片）

粉紅夏威夷

32%白巧克力...................... 650g
＊L'Opéra「Concerto」可可含量32%

夏威夷豆............................. 適量
乾燥草莓碎粒 .... 適量

開心檸檬

32%白巧克力...................... 500g
＊L'Opéra「Concerto」可可含量32%

檸檬果乾............................. 適量
開心果................................. 適量

前置工作

01

將開心果、夏威夷豆分別用烤箱上火180℃／下火150℃，烤熟約15～18分。

02

詳細操作流程參考P65-66步驟1-9，將白巧克力用大理石調溫法完成調溫。

準備模型

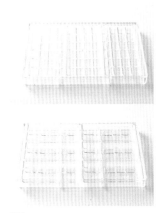

03

將巧克力模型清理乾淨。

擠製塑型

04

用熱風槍（或吹風機）呈適當距離朝著巧克力模型加熱升溫到與巧克力溫差7℃。

05

粉紅夏威夷。將調溫過白巧克力裝進擠花袋，平均擠入模型中至模型邊緣。

06

底部隔著軟布墊，輕敲出氣泡，平整表面，表面灑上夏威夷豆與草莓碎粒。

07

開心檸檬。將調溫過白巧克力裝進擠花袋，平均擠入模型中至模型邊緣。

08

底部隔著軟布墊，輕敲出氣泡，平整表面，表面鋪上檸檬乾與開心果。

09

放置室溫（18～20℃），待凝固與模具分離後，脫模即可。

SAMBIRANO

012

SAMBIRANO

聖彼拉諾

不可或缺的美麗外觀與口感！四個角落切割成俐落的直角，展現高度質感，極薄的巧克力外層與Sambirano的紅莓果果酸味，與威士忌木質香氣為一體，人氣極高的經典款。

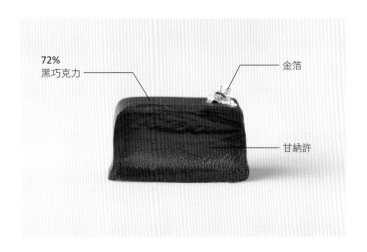

72%
黑巧克力

金箔

甘納許

INGREDIENTS （份量／14.5x14.5cm正方形框1模）

甘納許

72%黑巧克力 150g
＊Domori「Sambirano」可可含量
　72%

動物性鮮奶油 150g
葡萄糖漿 30g
無鹽奶油 12g
蘇格蘭威士忌（Macallan）... 12g

披覆用

72%黑巧克力
＊Domori「Apurimac」可可含量72%

裝飾用

金箔

甘納許

01
將鮮奶油、葡萄糖漿放入鍋中加熱煮至沸騰，待稍降溫約55℃。

02
將**作法1**倒入已融化的黑巧克力中。

03
用橡皮刮刀攪拌均勻，至乳化，出現光澤、柔滑狀態約38℃。

04
加入室溫軟化的奶油緩緩攪拌勻。

05
再加入威士忌酒拌勻。

> **Point** 酒在加熱後，香氣會揮發，因此添加在完成後的甘納許中，攪拌均勻。

> **Point** SAMBIRANO帶有鮮明的紅莓果果酸味，與威士忌木質香氣，使明亮的果酸滋味多增添沉穩的餘韻。

準備模型

06
14.5×14.5cm成型框底部鋪上保鮮膜。

塑型、披覆

07
將甘納許倒入模型中，用刮刀朝四周刮勻，用抹刀將表面刮平，平整表面。

08

將**作法7**放室溫（16～18℃）
下靜置一晚，待凝固熟成約
24小時。

09

用刀劃開鋁條和甘納許材料的
接縫。

10

輕輕脫取下模框。

11

用抹刀在表面塗上薄薄一層的
調溫過黑巧克力，待凝固。

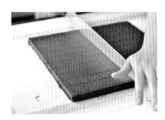

12

用溫熱過的刀切割，分切成
2.5×2.5cm的方形。

13

將每顆甘納許間隔地擺放，室
溫靜置約24小時。

14

用巧克力叉平置甘納許（塗膜
面朝上），浸入調溫過黑巧克
力中，使其完全沾裹上巧克
力，再撈取出。

15

輕敲使多餘的巧克力滴落，並
將多餘的巧克力刮除。

▼

装飾完成

16

間隔地擺放，用鑷子夾取金箔
放在一側角點綴，待凝固即
可。

SALTED
CARAMEL

013

SALTED CARAMEL

焦 糖 玫 瑰 鹽

以牛奶巧克力為基底，調合些許的黑巧克力來突出味道，再將焦糖香氣融合於其中。巧妙的用鹽來搭配提顯出層次感，既能突顯焦糖風味，又能平衡焦糖的甜膩感。

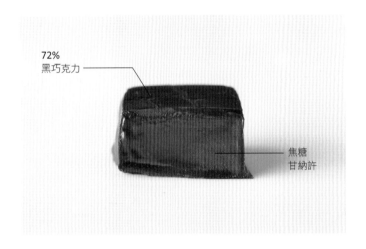

72%
黑巧克力

焦糖
甘納許

INGREDIENTS （份量／14.5×14.5cm正方形框1模）

焦糖甘納許	披覆用
38%牛奶巧克力.....................125g	72%黑巧克力
＊Domori「Morogoro」可可含量38%	＊Domori「Apurimac」可可含量72%
72%黑巧克力..........................40g	
＊Domori「Apurimac」可可含量72%	裝飾用
細砂糖......................................60g	巧克力紋片紙
動物性鮮奶油.......................200g	
玫瑰鹽......................................2g	
發酵奶油................................20g	

焦糖甘納許

01
將細砂糖放入鍋中用中小火煮
至糖融解。

02
焦糖化狀態。

03
另將鮮奶油放入鍋中加熱煮至
沸騰、保持溫熱。

Point 鮮奶油保持溫熱狀態，
加入焦糖中較不會形成結晶的
糖塊。

04
將**作法3**分次慢慢的邊攪拌邊
加入到**作法2**中。

05
加入玫瑰鹽拌勻。

06
邊加熱邊拌煮至成柔滑焦糖醬
汁約80℃。

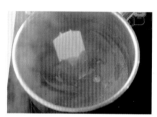

07
將**作法6**過篩倒入已融化的牛
奶巧克力、黑巧克力中。

08
用橡皮刮刀充分攪拌均勻，至
乳化，出現光澤、柔滑狀態約
38℃。

09
加入室溫軟化的奶油慢慢攪拌
勻，再均質使其質地更細緻。

Point 加入奶油時，溫度過高會
容易呈現分離狀態。

10

14.5×14.5cm成型框底部鋪上
保鮮膜。

▼

塑型、披覆

11

將焦糖甘納許倒入模型中，
用抹刀將表面刮平。放室溫
（16～18℃）靜置一晚，待
凝固熟成約24小時。

12

用刀劃開鋁條和甘納許材料的
接縫，脫取下模框。在表面淋
入調溫過黑巧克力，用抹刀攤
開抹平成薄薄一層，待凝固。

Point 此道手續的目的，在使披
覆前先讓表面變平滑，也能避免
披覆時，直接將巧克力淋在甘納
許上，造成融化變形。

13

用溫熱過的刀切割，裁切邊
緣，切成2×3cm的長條形，
間隔地擺放，室溫靜置約24
小時。

14

用巧克力叉平置甘納許（塗膜
面朝上），浸入調溫過黑巧克
力中，使其完全沾裹上巧克
力，再撈取出。

15

輕敲使多餘的巧克力滴落，並
用橡皮刮刀刮除多餘的巧克
力，間隔地擺放在膠片紙上。

▼

裝飾完成

16

再將裁剪好的巧克力紋片紙鋪
放表面、輕輕按壓，凝固後撕
下紋片紙即可。

MACADAMIA
PRALINE

MACADAMIA PRALINE

火山豆帕林

以自製的夏威夷帕林創造出堅果濃醇的風味香氣，焦糖、夏威夷豆、巧克力複雜的細緻結合，可可的美妙滋味與堅果濃厚香醇，營造層次深厚的味道與香氣。

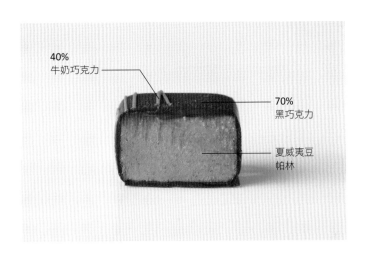

40%
牛奶巧克力

70%
黑巧克力

夏威夷豆
帕林

INGREDIENTS （份量／18×18cm正方形框1模）

夏威夷豆帕林

36%焦糖牛奶巧克力 260g
＊Valrhona「Caramélia」可可含量
　36%

細砂糖 120g
水 40g
夏威夷豆 180g
鹽之花 .... 適量

披覆用

70%黑巧克力
＊L'Opéra「Carupano」可可含量
　70%

裝飾用

40%牛奶巧克力
＊Valrhona「Jivara Lactee」可可含
　量40%

＊鹽之花（Fleur de sel）的形成需特殊的地理環境，在合適的濕度與風的吹拂
　下，使鹽田表面生成薄薄的半透明白色結晶體，此結晶似金字塔並呈中空，質
　地脆弱，層次風味豐富帶有海洋藻類的風味與淡淡紫羅蘭的花香味。

前置作業

01
將夏威夷豆不重疊的攤開在烤盤上，放入烤箱用上火180℃／下火150℃，烤約20分鐘烤熟。

02
詳細操作流程參考P65-66步驟1-9，分別將黑巧克力、牛奶巧克力調溫。

▼

夏威夷豆帕林

03
製作焦糖。將細砂糖、水放入鍋中用中小火煮至糖融解。

04
將烤好夏威夷豆加入**作法3**中攪拌到沾裹勻糖汁。

05
轉中火不停攪拌到形成粉狀結晶。

06
直到糖融化形成焦糖。

07
將夏威夷豆倒在矽膠墊上迅速攤展撥開，讓夏威夷豆一顆顆地分開至冷卻。

08
用調理機將**作法7**打細碎，至呈濃稠的膏狀。

09
將調溫過牛奶巧克力加入到**作法8**中，混合攪拌均勻（兩種混合材料的溫度需相同）。

▼

準備模型

10
備妥18×18cm成型框底部鋪上保鮮膜。

塑型、披覆

11
將**作法9**倒入模型中，用抹刀將表面刮平，放室溫（16～18℃）靜置一晚，待凝固熟成約12小時。

12
用刀劃開鋁條和甘納許材料的接縫，脫取下模框。

13
表面撒上鹽之花（也可以用其他口味海鹽，風味會有所不同，但不適用一般食用鹽）。

14
覆蓋上烤焙紙用擀麵棍來回平均擀壓，使鹽之花附著於甘納許裡。

15
在表面淋入調溫過黑巧克力，用抹刀將其攤開抹平成薄薄一層，待其凝固。

16
用溫熱過的刀切割，裁切邊緣，切成2×3cm的長條形，間隔地擺放，室溫靜置約24小時。

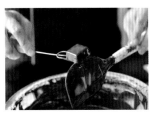

17
用巧克力叉平置甘納許（塗膜面朝上），浸入調溫過黑巧克力中，使其完全沾裹上巧克力，再撈取出。

18
輕敲使多餘的巧克力滴落，並用橡皮刮刀刮除多餘的巧克力。

裝飾完成

19
間隔地擺放薄膜上，待凝固後，用調溫過牛奶巧克力在表面擠上造型線條。

VODKA

015

VODKA

伏 特 加 狂 想

將截然不同的個性，滿滿的裝填其中，風味與酒香氣融合一體，外層以黑巧克力包覆，單純回歸本質，尊重巧克力的味道，打造出高雅迷人的質地風味。

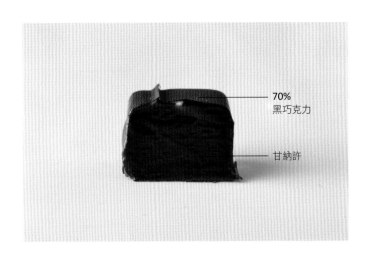

70%
黑巧克力

甘納許

INGREDIENTS （份量／18×18cm正方形模1模）

甘納許

70%黑巧克力........................ 285g
＊Cacao Barry「Ocoa」可可含量70%

動物性鮮奶油 240g
葡萄糖漿 30g
無鹽奶油.............................. 40g
伏特加.................................. 15g

披覆用

70%黑巧克力
＊L'Opéra「Carupano」可可含量70%

甘納許

01
將鮮奶油、葡萄糖漿放入鍋中加熱煮至沸騰，待稍降溫約55℃。

02
將**作法1**倒入已融化的黑巧克力中。

03
用橡皮刮刀攪拌均勻，至乳化，出現光澤、柔滑狀態約38℃。

04
加入室溫軟化的奶油慢慢攪拌勻。

05
再加入伏特加拌勻。

Point 酒在加熱後，香氣會揮發，因此添加在完成後的甘納許中，攪拌均勻。

▼

準備模型

06
18×18cm成型框底部鋪上保鮮膜。

▼

塑型、披覆

07
將甘納許倒入模型中，用刮刀朝四周刮勻。

Point 倒入模型時，務必使四邊角都均勻流入。

08
用抹刀將表面刮平，平整表面。

09
放室溫（16～18℃）靜置一晚，凝固熟成約24小時。

10
用刀劃開鋁條和甘納許材料的接縫，脫取下模框。

11
用抹刀在表面塗上薄薄一層的調溫過黑巧克力，待凝固。

12
用溫熱過的刀切割，分切成2×3cm的方形。

13
間隔地擺放，室溫靜置約24小時。

Point 分切使用的刀子要溫熱過；若是以熱水溫熱刀子時，要確實將水分擦拭乾後才進行分切。

14
用巧克力叉平置甘納許（塗膜面朝上），浸入調溫過黑巧克力中，使其完全沾裹上巧克力，再撈取出。

15
輕敲使多餘的巧克力滴落，並將多餘的巧克力刮除。

裝飾完成

16
間隔地擺放在膠片紙上，趁未凝固之前，用巧克力叉輕觸表面後拉起形成直線。

MATCHA

016

MATCHA

和風甘味抹茶

以白巧克力為基底提引出抹茶的溫潤清香，清香芳醇、渾厚豐潤，更有甘美深
細的回味餘韻，溫潤甜味之中感受得到深邃的甘甜，不澀、風味獨具。

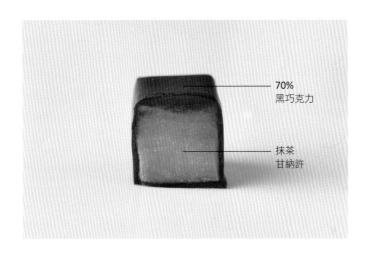

70%
黑巧克力

抹茶
甘納許

INGREDIENTS （份量／21×21cm正方形框1模）

抹茶甘納許

32%白巧克力......................... 310g
＊L'Opéra「Concerto」可可含量
　32%

可可脂..................................... 44g
動物性鮮奶油 210g
轉化糖漿 50g
靜岡抹茶粉 26g
奶粉... 30g
無鹽奶油 66g

披覆用

70%黑巧克力
＊L'Opéra「Carupano」可可含量
　70%

裝飾用

金粉
酒精濃度40%酒

抹茶甘納許

01
將鮮奶油與轉化糖漿放入鍋中加熱煮至沸騰，待稍降溫約58℃。

02
將白巧克力、可可脂微波融化溫度升高至約40℃。

03
加入過篩奶粉、抹茶粉混合拌勻。

Point 抹茶容易受潮結顆粒，必須過篩後再加入使用。

04
將**作法1**倒入**作法3**中用橡皮刮刀攪拌均勻。

05
攪拌至乳化，出現光澤、柔滑狀態約38℃。

Point 尚未完全乳化。

06
加入室溫軟化的奶油慢慢攪拌勻。

Point 若溫度太低則奶油不易融化均勻。

準備模型

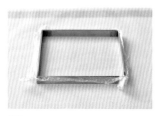

07
21×21cm成型框底部鋪上保鮮膜。

塑型、披覆

08
將抹茶甘納許倒入模型中，用抹刀將表面刮平。

09

平整表面，若表面有氣孔，可用竹籤稍戳破。放室溫（16～18℃）靜置一晚，待凝固熟成約24小時。

10

用刀劃開鋁條和甘納許材料的接縫，脫取下模框。在表面淋入調溫過黑巧克力。

11

用抹刀攤開抹平成薄薄一層，待凝固。

Point 塗上薄層的步驟為強化巧克力底部的部分，可更完美呈現出方形形狀。

12

用溫熱過的刀切割，裁切邊緣，切成1.5×4cm的長條形，間隔地擺放，室溫靜置約24小時。

13

用巧克力叉平置甘納許（塗膜面朝上），浸入調溫過黑巧克力中，呈水平壓下，使其完全沾裏上巧克力。

14

再撈取出，輕敲使多餘的巧克力滴落。

15

並用橡皮刮刀刮除多餘的巧克力，間隔地擺放在膠片紙上，待凝固。

裝飾完成

16

金粉加上40%的酒調勻。

17

用畫筆沾取適量色素在表面畫上弧線造型。

BALSAMIC

017

BALSAMIC

巴 薩 米 克

單純的呈現出巧克力與巴薩米可醋的純粹風味；配方中不使用鮮奶油，而是以水來取代，沒有乳脂奶香的干擾，突顯了巴薩米克醋的特有風味，純粹柔和的深層風味。

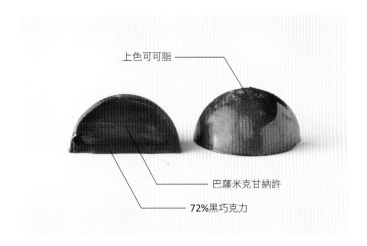

上色可可脂

巴薩米克甘納許

72%黑巧克力

INGREDIENTS （份量／直徑約3cm的圓形模型40個）

巴薩米克甘納許

56%黑巧克力........................ 200g
＊Domori「Arriba」可可含量56%

水.. 100g
巴薩米克醋（Balsamic） 15g

外殼用

72%黑巧克力
＊Domori「Apurimac」可可含量72%

裝飾用

可可脂
巧克力專用色素

＊源自義大利的一種調味料，名為香醋（義大利語：aceto balsamico）。常直接音譯為巴薩米醋、巴薩米克醋等。是將葡萄採收後立即壓榨，所得到的葡萄汁煮至水分蒸發耗掉1/3，使濃縮的葡萄汁液發酵成醋，最後在木桶中陳放熟成，濃縮出甜酸和諧、氣味深沉複雜的濃稠質地。在過程中會揮發掉一部分稱為（angels' share）「天使的一份」，香醋成熟期至少12年。

巧克力模上色

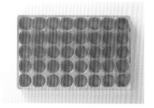

01
詳細操作流程參考P81步驟1-5，製作上色用色素（金、紅）。將金色滴入模型中，用塑膠袋稍塗抹開待乾燥。

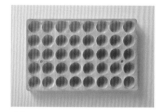

02
用噴槍均勻噴飾一層紅色待乾燥。

03
再噴飾一層白色塗層，待乾燥完成上色。

Point 完成白色塗層乾燥後，利用三角刮刀將表面與側面的部分刮乾淨再使用（參見P82，步驟5-9）。

04
詳細操作流程參考P78步驟1-7，用調溫過黑巧克力完成外殼的製作。

▼

巴薩米克甘納許

05
將水放入鍋中加熱煮沸騰，待稍降溫約70℃。

06
將**作法5**倒入黑巧克力中，靜置約2～3分鐘，待融化後用橡皮刮刀攪拌均勻。

07
至乳化，出現光澤、柔滑狀態約38℃。

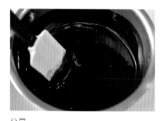

08
加入巴薩米克醋拌勻到變得黏稠整體具光澤，室溫靜置（18～20℃），待冷卻降溫至26～28℃。

▼

填入模塑型

09
將**作法8**擠入模型中至約9分滿，輕敲檯面，使氣泡釋出平整甘納許，放置室溫（16～18℃）靜置一晚，待凝固熟成約16小時。

封口、脫模

10
將調溫過黑巧克力淋在**作法9**上、稍震平。

11
表面覆蓋膠片,用巧克力鏟抹平推開到底。

12
完全覆蓋表面,刮除四周多餘巧克力。

Point 若巧克力未刮乾淨殘留在模型上,脫模時碎屑會因脫落而附著在巧克力上影響美觀。

13
將模型表面朝下放室溫待確實冷卻凝固,撕除膠片,倒扣模型輕敲使巧克力脫模。

Point 此款巧克力的一大特色,是使用水代替鮮奶油,能完全呈現巧克力本身的風味,但口感滑順度則稍遜於鮮奶油製成的質地。

關於模型的通則

模型若未清洗乾淨、或有污漬、水痕,會致使完成的巧克力糖表面如霧無光澤。調溫巧克力與模型的溫差最好控制在7℃;溫差過大會影響巧克力的收縮,若模型溫度太低收縮會變低,會不好脫模。使用的模型溫度約在23℃左右。

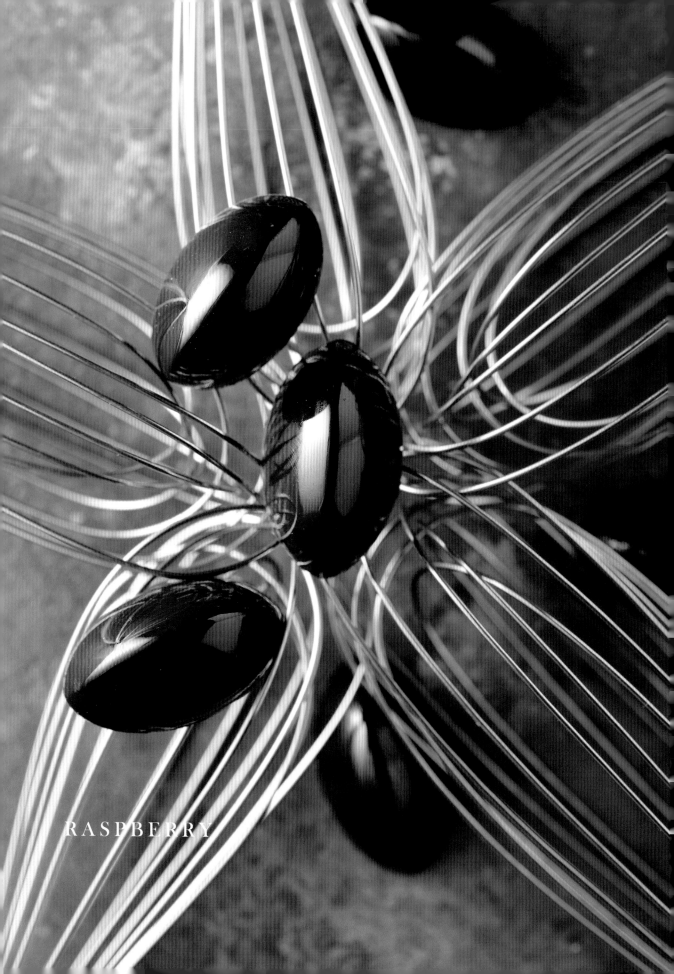

RASPBERRY

018

覆 盆 子 紅 寶 石

活用各種巧克力的可可口感與水果的香氣正是魅力所在。覆盆子果泥的酸甜滋味，搭配單純的可可風味，微酸的果香與香醇濃稠的可可融合，可在感受可可擴散的震撼之餘，由果酸味收合的尾韻。

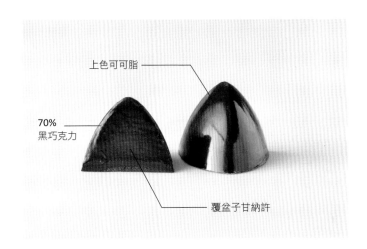

上色可可脂

70%
黑巧克力

覆盆子甘納許

INGREDIENTS （份量／水滴形模型42個）

覆盆子甘納許

55%黑巧克力....................... 160g
＊ Michel Cluizel「Elianza Dark」可可
　含量55%

覆盆子果泥 120g
葡萄糖漿 20g
無鹽奶油 20g
覆盆子白蘭地 25g

外殼用

70%黑巧克力
＊L'Opéra「Carupano」可可含量70%

裝飾用

可可脂
巧克力專用色素

巧克力模上色

01
詳細操作流程參考P81步驟1-5,製作上色用色素(紅)。用噴槍均勻噴飾一層紅色待乾燥完成上色。

02
詳細操作流程參考P78步驟1-7,用調溫過黑巧克力完成外殼的製作。

Point 製作外殼的巧克力用量應適中,若量太少過薄,會使得凝固後因收縮不明顯而難以脫模。

▼

覆盆子甘納許

03
將覆盆子果泥、葡萄糖漿放入鍋中加熱煮至沸騰,待稍降溫約75℃。

04
將**作法3**倒入黑巧克力中,靜置約2～3分鐘。

05
待融化後用橡皮刮刀攪拌均勻,至乳化,出現光澤、柔滑狀態約38℃。

Point 只要配方比例、乳化溫度無誤,水分量不要超過乳化點,不論一次加入還是分次加入,都能製作出狀態漂亮的甘納許。

06
加入室溫軟化的奶油慢慢拌勻。

07
再加入覆盆子白蘭地拌勻。

08
室溫靜置(18～20℃),待冷卻降溫至26～28℃

Point 若在低溫狀態加入奶油攪拌,奶油不易融於甘納許中,攪拌時間會隨著拉長,也容易拌入過多的空氣,完成的巧克力口感會較差。

▼

填入模塑型

09
將**作法8**擠入模型中至約9分滿,輕敲檯面,使氣泡釋出,平整甘納許,放置室溫(16～18℃)靜置一晚,待凝固熟成約16小時。

▼

封口、脫模

10

將調溫過黑巧克力淋在**作法9**上、稍震平。

11

表面覆蓋膠片，用巧克力鏟抹平推開到底。

12

完全覆蓋表面，刮除四周多餘巧克力。

Point 封口底層不能太厚否則會破壞口感，因此內餡甘納許以填入約9分滿為適宜，封口底層利用膠片來輔助，厚度能控制得較薄且一致。

13

將模型表面朝下放室溫待確實冷卻凝固，撕除膠片，倒扣模型輕敲使巧克力脫模。

PASSION

019

慕夏風情

焦糖與白巧克力結合出的太妃糖滋味，搭配熱帶水果獨有的香氣風味，豐富果香，分明的酸甜味，猶如熱帶水果般的繽紛風情。

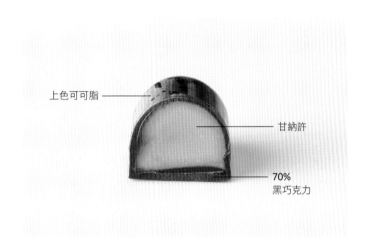

上色可可脂
甘納許
70%
黑巧克力

INGREDIENTS （份量／橢圓膠囊形模型50個）

甘納許	外殼用
35%白巧克力........................ 140g	70%黑巧克力
＊Valrhona「Ivoire」可可含量35%	＊L'Opéra「Carupano」可可含量70%

可可脂................................. 30g
葡萄糖漿 10g
細砂糖................................. 65g
芒果果泥 120g
百香果果泥 50g
無鹽奶油 20g
櫻桃白蘭地 10g

裝飾用
可可脂
巧克力專用色素

巧克力模上色

01

詳細操作流程參考P81步驟1-5，製作上色用色素（藍、黃、綠、紅）。用手指在模型內輕彈上藍色待乾燥。

Point 若有操作不當想重新上色，利用棉花球擦拭掉不滿意的部分，再重新上色即可。

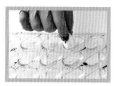

02

用噴槍再依序漸層的噴飾上黃色待乾燥。

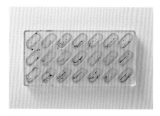

03

噴上綠色待乾燥。

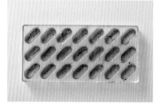

04

再噴上紅色，待乾燥。

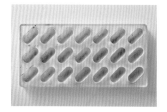

05

噴飾一層白色塗層待乾燥完成上色。

Point 完成白色塗層乾燥後，利用三角刮刀將表面與側面的部分刮乾淨再使用（參見P82，步驟5-9）。

06

詳細操作流程參考P78步驟1-7，用調溫過黑巧克力完成外殼的製作。

甘納許

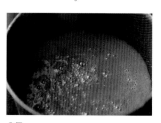

07

將細砂糖、葡萄糖漿放入鍋中加熱煮至沸騰約170℃。

08

另將芒果、百香果果泥加熱煮至約85℃。

09

分次慢慢的邊攪拌邊加入到**作法7**中拌勻，至柔滑成芒果百香焦糖醬，待稍降溫約70℃。

10

將**作法9**芒果百香焦糖醬倒入白巧克力、可可脂中，靜置約2～3分鐘。

11

待融化後用橡皮刮刀攪拌均勻，至乳化，出現光澤、柔滑狀態約38℃，加入室溫軟化的奶油慢慢拌勻。

12

加入櫻桃白蘭地混合拌勻，室溫靜置，待冷卻降溫至26～28℃。

Point 加入酒後的甘納許溫度就會下降，因此必須趁溫度還高時先加奶油攪拌，最後再加酒。

▼

填入模塑型

13

將**作法12**裝進擠花袋，平穩擠進模型中至約9分滿，輕敲檯面，使氣泡釋出，平整甘納許，放置室溫（16～18℃）靜置一晚，待凝固熟成約16小時。

Point 擠完全部的甘納許內餡後，將模具輕敲、震平，消除內餡裡的空氣，可讓成製的甘納許較為平整，完成的巧克力會較美觀。

▼

封口、脫模

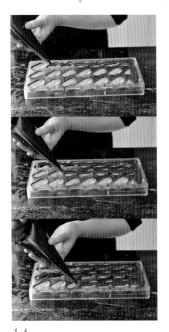

14

將調溫過黑巧克力淋在**作法13**上、稍震平。

15

表面覆蓋膠片。

16

用巧克力鏟抹平推開到底。

17

完全覆蓋表面，刮除四周多餘巧克力。

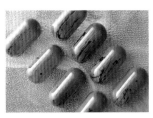

18

將模型表面朝下放室溫待確實冷卻凝固，撕除膠片，倒扣模型輕敲使巧克力脫模。

LITCHI

020

$\boxed{\text{LITCHI}}$

貴 妃 荔 枝

荔枝果泥因加熱會使味道香氣略微減弱，添加乃姬酒能使荔枝甘納許更具荔枝香氣，用巧克力襯托出煙燻與果香的荔枝滋味。

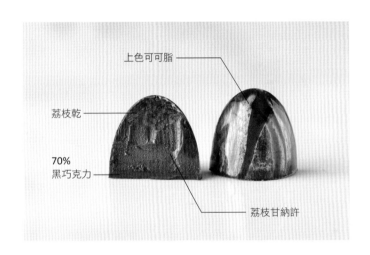

上色可可脂

荔枝乾

70%
黑巧克力

荔枝甘納許

INGREDIENTS （份量／半圓子彈形模型50個）

荔枝甘納許

55%黑巧克力......................... 190g
  ＊Michel Cluizel「Elianza Dark」可可
    含量55%

可可脂..................................... 20g
荔枝果泥............................... 120g
葡萄糖漿............................... 24g
檸檬汁..................................... 5g
無鹽奶油............................... 15g
乃姬荔枝香甜酒..................... 25g

夾層用

荔枝乾................................. 適量

外殼用

70%黑巧克力
  ＊L'Opéra「Carupano」可可含量70%

裝飾用

可可脂
巧克力專用色素

＊乃姬荔枝香甜酒，特選用高雄大樹區所產玉荷包釀造，帶優雅的荔枝清香
  與果肉的酸甜味。

巧克力模上色

01
詳細操作流程參考P81步驟
1-5，製作上色用色素（紅、
綠）。用手指在模型底部塗抹
上紅色。

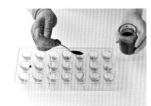

02
待乾燥，滴入少許綠色，立即
塗抹開待乾燥。

03
加入少許金粉。

04
蓋上上殼模型接合處密合後上
下搖晃，使金粉分布均勻完成
上色。

Point 覆蓋上層密合，透過搖
勻的方式上色均勻外，也能避免
金粉的飄散。

05
詳細操作流程參考P78步驟
1-7，用調溫過黑巧克力完成
外殼的製作。

▼

荔枝甘納許

06
將荔枝果泥、葡萄糖漿放入鍋
中加熱煮至沸騰。

07
待稍降溫約80℃。

08
將**作法7**倒入黑巧克力、可可
脂中，靜置約2～3分鐘。

09
待融化後攪拌均勻，至乳
化，出現光澤、柔滑狀態約
38℃。

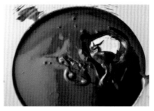

10
加入室溫軟化的奶油慢慢攪拌
勻。

11

再加入檸檬汁、荔枝酒拌勻，
放置室溫靜置，待冷卻降溫至
26～28℃。

▼

填入模塑型

12

將模型中先放入荔枝乾。

Point 荔枝乾可先用荔枝香甜
酒（份量外）稍浸泡過，使其質
地變得濕潤柔軟，填餡時較好操
作。

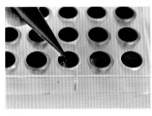

13

再擠入荔枝甘納許至約9分
滿，輕敲，使氣泡釋出，平整
荔枝甘納許，放置室溫（16～
18℃）靜置一晚，待凝固熟成
約24小時。

▼

封口、脫模

14

將調溫過黑巧克力淋在**作法
13**上、稍震平。

15

表面覆蓋膠片，用巧克力鏟抹
平推開到底。

16

完全覆蓋表面，刮除四周多餘
巧克力。

17

將模型表面朝下放室溫待確實
冷卻凝固，撕除膠片，倒扣模
型輕敲使巧克力脫模。

Point 表面結晶後撕除膠片，
再輕敲倒扣一個個從模具中取
下。

ORANGE

021

ORANGE

向日橙花

柑橘類的水果外皮具有特別的清爽香氣，能增添層次，利用水果香氣與糖漬橙皮增加顆粒口感、展現鮮明的果香風味；以柳橙為靈感，外觀以噴飾柑橘橙黃色系加以營造。

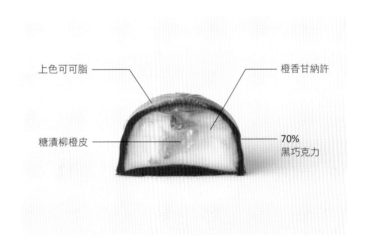

上色可可脂

橙香甘納許

糖漬柳橙皮

70%
黑巧克力

INGREDIENTS （份量／菊花形模型30個）

橙香甘納許

35%白巧克力........................ 150g
＊Valrhona「Ivoire」可可含量35%

動物性鮮奶油 100g
柳橙皮 1個
柑曼怡香橙干邑香甜酒（Grand
Marnier）............................... 20g

夾層用

糖漬柳橙皮 .... 適量

外殼用

70%黑巧克力
＊L'Opéra「Carupano」可可含量70%

裝飾用

可可脂
巧克力專用色素

巧克力模上色

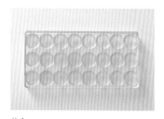

01
詳細操作流程參考P81步驟1-5，製作上色用色素（黃、紅）。用噴槍在模型內先噴飾上約3/4黃色層待乾燥。

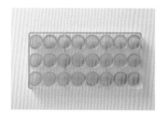

02
再噴飾上紅色待乾燥。

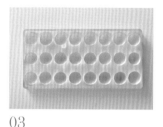

03
再噴飾上均勻的白色塗層，待乾燥完成上色。

Point 白色塗層乾燥後用刮刀刮乾淨沾附模具表面多餘的部分（參見P82，步驟5-9）。

04
詳細操作流程參考P78步驟1-7，用調溫過黑巧克力完成外殼的製作。

Point 製作外殼的巧克力用量應適中，若量太少過薄，會使得凝固後因收縮不明顯而難以脫模。

▼

橙香甘納許

05
柳橙刨取外皮部分。將柳橙皮屑、鮮奶油放入鍋中加熱煮至沸騰，離火，稍浸泡使橙皮香氣充分釋出。

Point 刨取柳橙皮時深及黃色果皮部分即可，要避開白色帶有苦澀味的部分。

06
用網篩濾取出橙皮屑，待稍降溫約70℃，過濾倒入白巧克力中，靜置約2～3分鐘。

Point 將鮮奶油與橙皮屑加熱重點在取其香氣，為避免顆粒影響內餡口感，再加入白巧克力前會先過濾掉。

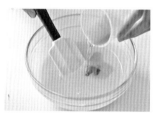

07
待融化後用橡皮刮刀攪拌均勻，至乳化，出現光澤、柔滑狀態約38℃，加入柑曼怡拌勻，室溫靜置，待冷卻降溫至26～28℃。

填入模塑型

08
將**作法7**裝進擠花袋，平穩擠進模型中約5分滿。

09
中間放入糖漬柳橙皮（約1g）。

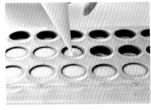

10
擠入香橙甘納許至9分滿，輕敲檯面，使氣泡釋出，平整甘納許，放置室溫（16～18℃）靜置一晚，待凝固熟成約24小時。

封口、脫模

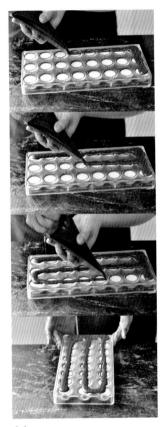

11
將調溫過黑巧克力淋在**作法10**上、稍震平。

12
表面覆蓋膠片。

13
用巧克力鏟抹平推開到底，完全覆蓋表面，刮除四周多餘巧克力。

14
將模型表面朝下放室溫待確實冷卻凝固，撕除膠片，倒扣模型輕敲使巧克力脫模。

Point 表面結晶後，再輕敲倒扣一個個從模具中取下。

CHAPTER

4

創意學

意識覺知的風土味

回歸最初的心

純粹

享受製造過程的樂趣

散播這份歡樂

創作來自

對生活的體察與感受

生活周遭的點點滴滴

對於味道的連結

連結著對於人事物的記憶

連結著創作者對於土地的一份真

一份割捨不下的情

一份來自食材深深呼喚的回應

GINGER

022

GINGER

薑 心 金 磚

使用澄清薑汁與黑糖製作甘納許，風味濃郁，香氣圓潤豐厚，獨特的個性鮮明
而不相互衝突，十分迷人；加上色素粉的運用讓外觀呈現時尚風的俐落質感。

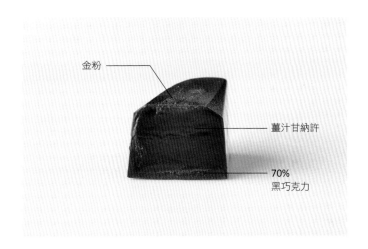

金粉

薑汁甘納許

70%
黑巧克力

INGREDIENTS （份量／歪古典模型約60個）

薑汁甘納許	披覆用
70%黑巧克力........................ 200g	70%黑巧克力
＊L'Opéra「Tannea」可可含量70%	＊L'Opéra「Carupano」可可含量70%

黑糖................................ 120g　　　　裝飾用
動物性鮮奶油 .... 200g　　　可可脂
無鹽奶油.............................. 30g　　　金粉
澄清薑汁 20g

巧克力模上色

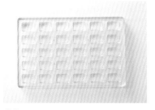

01
詳細操作流程參考P81步驟1-5，製作上色用色素（金）。用噴槍在模型一側噴上金色塗層，待乾燥完成上色。

02
詳細操作流程參考P78步驟1-7，用調溫過黑巧克力完成外殼的製作。

`Point` 造型外層的巧克力，厚薄度須適中，太厚（巧克力多收縮力好）容易脫模，但會過於堅硬、不易化開影響口感；至於太薄（巧克力少收縮差）則不易脫模，外殼 0.1cm 以內的厚薄度最佳。

▼

薑汁甘納許

03
將薑磨成細泥，裝入棉布袋中壓榨過濾出薑汁。

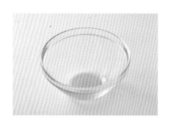

04
靜置約30分鐘，讓薑汁沉澱，取上層的澄清薑汁。

`Point` 選用一般的薑即可，老薑的纖維太粗且味道太過辛辣會影響風味。淬取澄清薑汁的部分是為了降低成分中的澱粉質，在與巧克力融合不會因含量過高而破壞甘納許的平衡影響質地風味。

05
將黑糖、鮮奶油放入鍋中加熱煮至沸騰，用細濾網過濾，待稍降溫約75℃。

06
將**作法5**加入黑巧克力中，靜置約2～3分鐘，待融化後用橡皮刮刀攪拌均勻，至乳化，出現光澤、柔滑狀態，此時約為38℃。

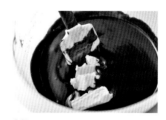

07
待融合，加入室溫軟化的奶油攪拌混合。

08
加入澄清薑汁混合拌勻。

▼

填入模塑型

09
將**作法8**裝進擠花袋，平穩擠進模型中至約9分滿。

10
輕敲檯面，使氣泡釋出，平整甘納許，放置室溫（16～18℃）靜置一晚，待凝固熟成約16小時。

Point 擠完全部的甘納許後，將模具輕敲、震平，消除內餡裡的空氣，讓成製的甘納許較為平整，完成的巧克力會較漂亮。

封口、脫模

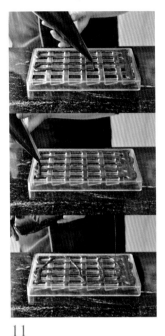

11
將調溫過黑巧克力淋在**作法10**上、稍震平。

12
表面覆蓋膠片。

13
用巧克力鏟抹平推開到底，完全覆蓋表面，刮除四周多餘巧克力。

Point 先鏟開巧克力後，再推開到底抹平二段式的操作。

14
將模型表面朝下放室溫待確實冷卻凝固，撕除膠片，倒扣模型輕敲使巧克力脫模。

STRAWBERRY

| STRAWBERRY |

甜 心 美 莓

草莓的果酸味是甜心美莓的風味重點，使用大量的果泥的甘納許，風味濃郁，中間夾層果乾，透過愛心模的形狀呼應，以及噴色的方式展現鮮艷的色澤，營造出草莓甜心的視覺愛戀，兼具美味與美型的夾心巧克力。

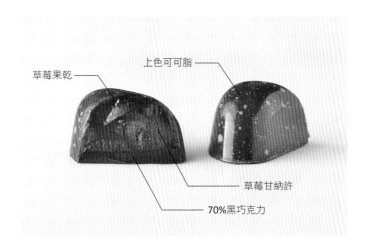

草莓果乾
上色可可脂
草莓甘納許
70%黑巧克力

INGREDIENTS （份量／心形模型36個）

草莓甘納許

55%黑巧克力........................ 180g
＊Michel Cluizel「Elianza Dark」可可
　含量55%

草莓果泥.............................. 150g
葡萄糖漿................................ 20g
檸檬汁..................................... 5g
覆盆子白蘭地........................ 20g

夾層用

草莓果乾............................. 適量

外殼用

70%黑巧克力
＊L'Opéra「Carupano」可可含量70%

裝飾用

可可脂
巧克力專用色素

巧克力模上色

01
詳細操作流程參考P81步驟1-5，製作上色用色素（金、紅）。用牙刷以輕彈的方式細膩彈上金色圓點待乾燥。

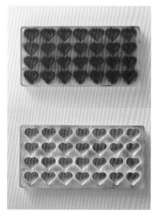

02
用噴槍均勻噴上紅色待乾燥後，再噴上白色塗層待乾燥完成上色。

Point 白色塗層乾燥後用刮刀刮乾淨沾附模具表面多餘的部分（參見P82，步驟5-9）。

03
詳細操作流程參考P78步驟1-7，用調溫過黑巧克力完成外殼的製作。

Point 製作外殼的巧克力用量應適中，若量太少過薄，會使得凝固後因收縮不明顯而難以脫模。

▼

草莓甘納許

04
將草莓果泥、葡萄糖漿放入鍋中用中大火加熱煮至沸騰，待稍降溫約75℃。

05
將**作法4**倒入黑巧克力中，靜置約2～3分鐘。

06
待融化後用橡皮刮刀攪拌均勻。

Point 因為草莓果泥的份量夠多，加熱的溫度足以融化巧克力，就算不將黑巧克力不事先融化，在倒入混合時也可以將其融解均勻。

07
直到乳化，出現光澤、柔滑狀態約38℃，加入覆盆子白蘭地、檸檬汁拌勻，室溫靜置待降溫至26～28℃。

Point 乳化後的甘納許會變成水溶性，此時加入酒等水分物質，也不會造成油水分離。輕輕攪拌，就能攪拌均勻。

填入模塑型

08
將**作法7**裝進擠花袋，平穩擠進模型中至約5分滿，中間放入切碎的草莓果乾。

Point 草莓果乾可先與覆盆子白蘭地（份量外）稍浸泡過，質地稍濕潤柔軟，填餡時較好操作，風味也較佳。

09
再擠入草莓甘納許至約9分滿，輕敲檯面，使氣泡釋出，平整草莓甘納許，放置室溫（16～18℃）靜置一晚，待凝固熟成約16小時。

封口、脫模

10
將調溫過黑巧克力淋在**作法9**上、稍震平。

11
表面覆蓋膠片。

12
用巧克力鏟抹平推開到底。

13
完全覆蓋表面，刮除四周多餘巧克力。

Point 若巧克力未刮乾淨殘留在模型上，脫模時碎屑會因脫落而附著在巧克力上影響美觀。

14
將模型表面朝下放室溫待確實冷卻凝固，撕除膠片，倒扣模型輕敲使巧克力脫模。

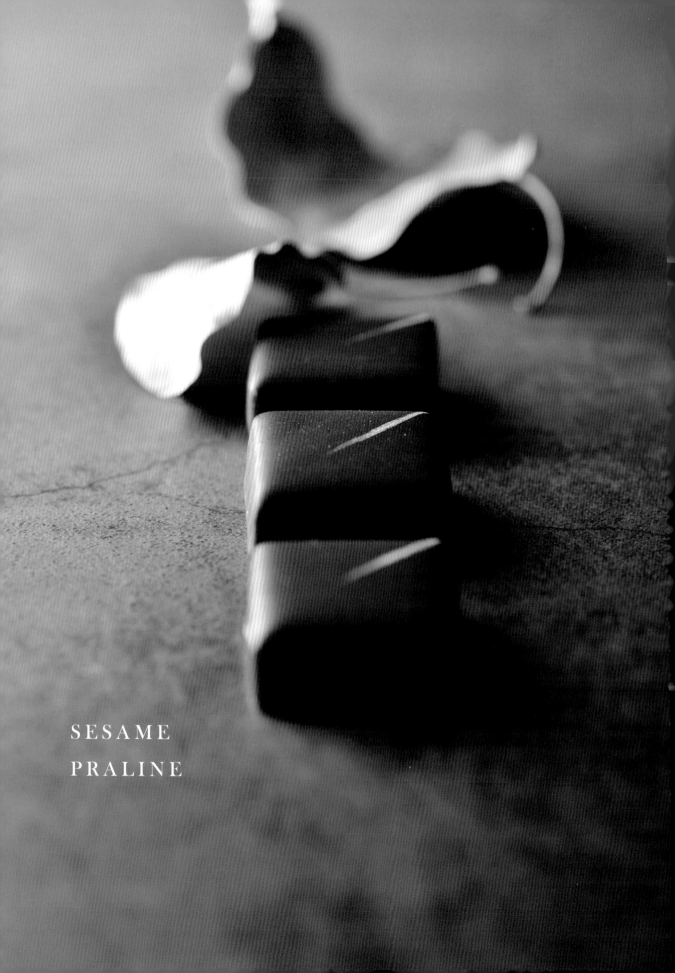

SESAME
PRALINE

| SESAME PRALINE |

芝麻姥姥

白芝麻帕林的濃醇滋味就像春節的應景麻荖的味道，圓潤濃郁的芝麻帕林內心，外層包覆薄薄黑巧克力，結合牛奶巧克力與素材風味香氣的好味道，是對人事物記憶的連結。

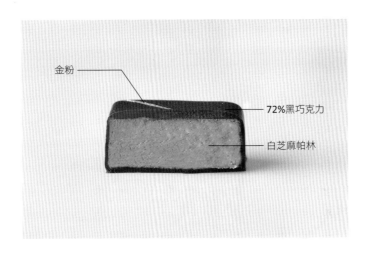

金粉

72%黑巧克力

白芝麻帕林

INGREDIENTS （份量／18×18cm正方形框1模）

白芝麻帕林

38%牛奶巧克力.....................140g
＊Domori「Morogoro」可可含量
　38%

細砂糖.................................140g
水.......................................106g
白芝麻.................................280g

披覆用

72%黑巧克力
＊Domori「Apurimac」可可含量72%

裝飾用

金粉
酒精濃度40%酒

前置工作

01
詳細操作流程參考P65-66步驟
1-9，將黑巧克力調溫。

▼

白芝麻帕林

02
將細砂糖、水放入鍋中用中小
火加熱煮至糖融解呈焦糖色。

03
倒入白芝麻一起拌炒。

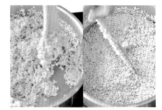

04
轉中火不停攪拌到形成粉狀結
晶。

05
至香氣溢出。

06
體積膨脹上色。

07
直到糖融化形成焦糖。

08
立即倒在烤焙紙上，用刮板迅
速攤展開。

09
用調理機攪打細碎，至成濃稠
膏狀。

10
再加入調溫過的牛奶巧克力。

11

混合攪拌均勻（兩種混合材料的溫度需相同）。

▼

準備模型

12

備妥18×18cm成型框底部鋪上保鮮膜。

▼

塑型、披覆

13

將**作法11**倒入模型中，用抹刀將表面刮平。放室溫（16～18℃）靜置一晚，待凝固熟成約12小時。

14

用刀劃開鋁條和甘納許材料的接縫，脫取下模框。在表面淋入調溫過黑巧克力，用抹刀攤開抹平成薄薄一層，待凝固。

15

用溫熱過的刀切割，分切成2.5×2.5cm的方形，間隔地擺放，室溫靜置約24小時。

16

用巧克力叉平置甘納許（塗膜面朝上），浸入調溫過黑巧克力中，使其完全沾裹上巧克力，再撈取出。

17

輕敲使多餘的巧克力滴落，刮除多餘的巧克力。

▼

裝飾完成

18

間隔地擺放膠片紙上，待凝固。金粉調上40%酒。

19

用細毛的筆刷在表面描繪出細線條。

關於帕林製作通則

用調理機攪打焦糖堅果製作帕林時（如，白芝麻帕林、P.235榛果帕林），因攪打磨擦生熱，溫度會高於巧克力的溫度，而過高的溫度會使調溫好的巧克力結晶受到破壞，成製的帕林內餡熟後則會無法凝固，因此需先降溫至相同溫度再混合。

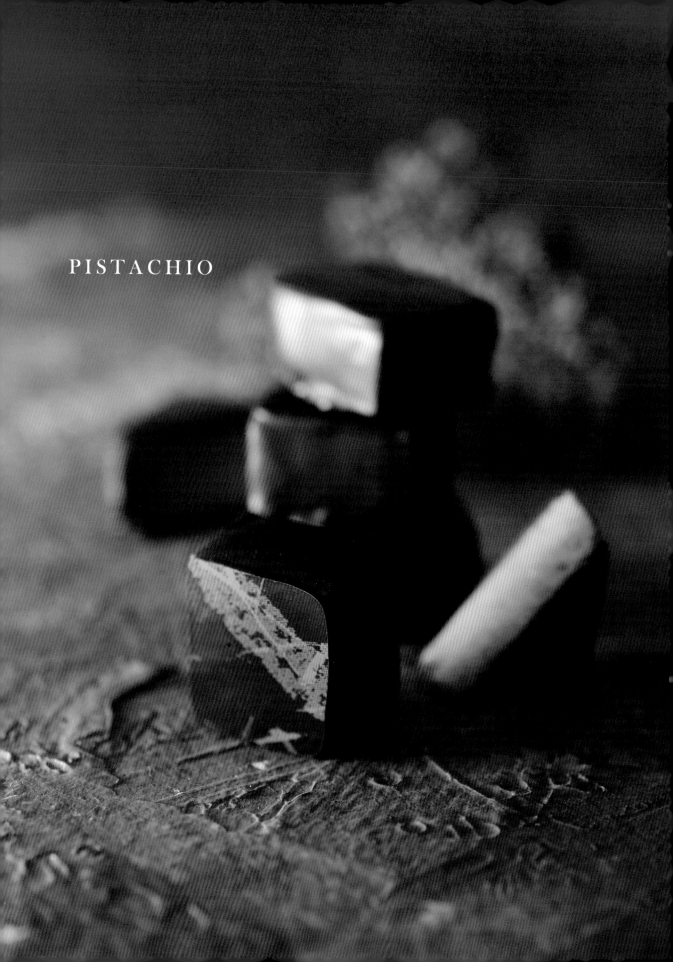

PISTACHIO

025

PISTACHIO

開心笑笑

不用堅果常用的帕林手法，是以甘納許的作法製作內餡，與白巧克力的香甜融合得恰到好處，留存開心果的鮮綠色澤風味更完全，唯獨以此製作的內餡賞味期較短。

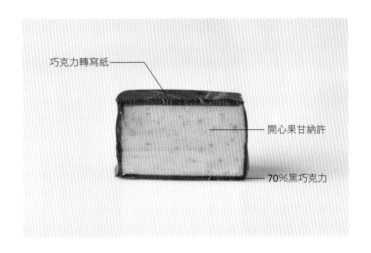

巧克力轉寫紙

開心果甘納許

70%黑巧克力

INGREDIENTS （份量／14.5×14.5cm正方形框1模）

開心果甘納許

35%白巧克力........................ 160g
＊Valrhona「Ivoire」可可含量35%

動物性鮮奶油 120g
開心果...................................... 100g
可可脂.................................... 40g
無鹽奶油................................ 20g

披覆用

70%黑巧克力
＊L'Opéra「Carupano」可可含量70%

裝飾用
巧克力轉寫紙

185

前置工作

01
詳細操作流程參考P65-66步驟
1-9，將白巧克力調溫。

▼

開心果甘納許

02
開心果用上火180℃／下火
150℃烤約15分鐘至熟。

03
待冷卻，用調理機攪打濃稠
狀，即成開心果醬。

04
將鮮奶油放入鍋中加熱煮至沸
騰，待稍降溫約58℃。

05
將白巧克力、可可脂微波融化
至溫度升高約40℃。

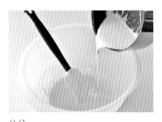

06
將**作法4**加入到**作法5**中混合
攪拌均勻，至乳化，出現光
澤、柔滑狀態約38℃。

`Point` 混合的兩種材料的溫度
不能太熱，要是過熱混合時巧
克力會因溫度過高而產生油水
分離分情形。

07
再加入開心果醬混合拌勻，並
維持在38℃。

08
加入室溫軟化的奶油攪拌混
合。

▼

準備模型

09
備妥14.5×14.5cm成型框底部
鋪上保鮮膜。

▼

塑型、披覆

10
將開心果甘納許倒入模型中。

11
用抹刀將表面刮平，平整表面，放室溫（16～18℃）靜置一晚，待凝固熟成約24小時。

12
用刀劃開鋁條和甘納許材料的接縫，脫取下模框。在表面淋入調溫過黑巧克力。

13
用抹刀攤開抹平成薄薄一層，待凝固。

Point 塗上薄膜。此步驟為強化巧克底部的部分，能較完美呈現出方形形狀。

14
用溫熱過的刀切割，裁切邊緣，切成2.5×2.5cm的正方形，間隔地擺放，室溫靜置約24小時。

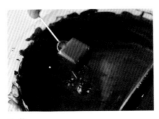

15
用巧克力叉平置甘納許（塗膜面朝上），浸入調溫過黑巧克力中，使其完全沾裹上巧克力，再撈取出。

16
輕敲使多餘的巧克力滴落，並用橡皮刮刀刮除多餘的巧克力，間隔地擺放在膠片紙上。

裝飾完成

17
將巧克力轉寫紙裁剪成適當大小鋪放表面，待凝固後，撕取下即可。

CHESTNUT

026

$\boxed{\text{CHESTNUT}}$

日 栗 好 個 秋

結合栗子泥與巧克力做成帶有層次味道的甘納許，添加香草與蘭姆酒更添深度
的隱味香氣，黏貼組構為栗子形體，表面以噴飾可可脂的手法呈現華麗的精緻
質感。

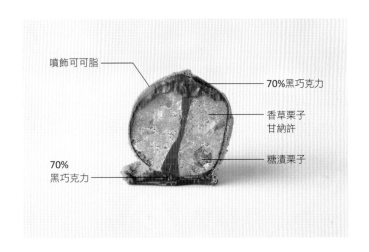

噴飾可可脂 —— 70%黑巧克力

香草栗子
甘納許

70%
黑巧克力 —— 糖漬栗子

INGREDIENTS （份量／栗子模型約40個）

香草栗子甘納許

40%牛奶巧克力...................... 70g
＊Valrhona「Jivara Lactee」可可含
　量40%

可可脂..................................... 70g
栗子泥................................. 140g
無鹽奶油............................... 20g
54%蘭姆酒（Negrita）.......... 40g
香草莢................................. 1/2根

夾心用

糖漬栗子粒

外殼用

70%黑巧克力
＊L'Opéra「Carupano」可可含量70%

裝飾用

可可脂：黑巧克力（1:1）
巧克力冷卻劑
金箔

前置工作

01

詳細操作流程參考P65-66步驟1-9，將黑巧克力調溫。

▼

圓形底座

02

將調溫過黑巧克力淋在膠片上，用抹刀迅速攤開抹平。

03

用花嘴壓塑出圓形輪廓，表面隔層紙並壓上木板待定型，完成直徑1.5cm黑巧克力圓形片。

▼

香草栗子甘納許

04

牛奶巧克力與可可脂用微波加熱到40℃左右。

05

栗子泥用微波加熱到40℃。

06

香草莢橫剖開用刀背刮取香草籽。

07

將栗子泥、香草籽加入到**作法4**中混合拌勻，此時約在38℃左右。

Point 配方中的澱粉質含量高易分離，要避免食材的溫差太大（溫度控制要精準），若溫度降太快易產生分離。

08

待攪拌融合，加入室溫軟化的奶油攪拌混合，拌勻至柔滑，加入蘭姆酒。

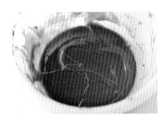

09
攪拌到使其完全乳化呈光澤，室溫靜置（18～20℃），待溫度降至26～28℃。

▼

填入模塑型

10
詳細操作流程參見P78步驟1-7，將70%黑巧克力調溫完成外殼的製作。

11
將香草栗子甘納許擠入模型中，中間放入切碎的糖漬栗子。

12
再擠入香草栗子甘納許至9分滿，輕敲檯面，使氣泡釋出，平整甘納許內餡，放置室溫（16～18℃）靜置一晚，待凝固熟成約16小時。

▼

封口、脫模

13
將調溫過黑巧克力淋在**作法12**上、稍震平。

14
表面覆蓋膠片。

15
用巧克力鏟抹平推開到底，完全覆蓋表面，刮除四周多餘巧克力，朝下放室溫待確實冷卻凝固，撕除膠片，倒扣模型輕敲脫模。

▼

噴飾造型

16
輕敲，讓夾心巧克力脫模。

17
將金屬板溫熱至約40℃，將夾心巧克力平坦面接觸金屬板面。

18
使接觸面的巧克力略融化。

19
立即將兩顆平坦面接合黏貼成立體栗子造型,待定型。

20
用金屬刷在巧克力表面順著紋路刷出線條刻紋。

21
將黑巧克力擠入少許在圓形底座。

22
再將夾心巧克力黏貼固定於圓形底座。

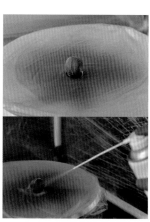

23
在**作法22**表面先噴上巧克力冷卻劑,使其外層溫度下降。

Point 外層先噴上冷卻劑讓溫度下降,可利於噴飾可可脂的上色附著。

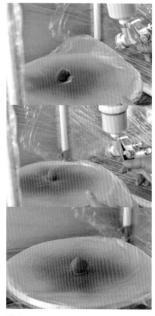

24
將可可脂調勻色素,倒入巧克力噴槍,用噴槍噴上噴飾巧克力,依法重複噴冷卻劑、上色約3次至表面形成噴砂效果。

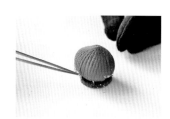

25
底部黏貼金箔點綴。

027 /

ADZUKI
BEANS

027

紅豆寄情

紅色的可可脂做基底後，搭配金色塑造紅豆外觀意象，內層是使用紅豆甘納許，
以及利用蘭姆酒增添醇厚香氣，風味香甜圓潤的蜜紅豆粒更帶出口感層次。

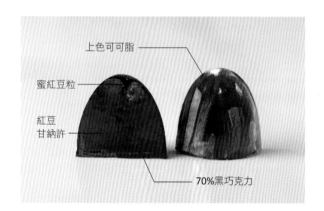

上色可可脂

蜜紅豆粒

紅豆
甘納許

70%黑巧克力

INGREDIENTS （份量／半圓子彈形模型42個）

紅豆甘納許

43％牛奶巧克力 120g
＊L'Opéra「Tannea」可可含量43%

可可脂....................................40g
紅豆泥.................................160g
無鹽奶油.............................20g
麥斯蘭姆酒（Myers's Rum）
....15g

夾層用

蜜紅豆粒 ....適量

外殼用

70%黑巧克力
＊L'Opéra「Carupano」可可含量
70%

裝飾用

可可脂
巧克力專用色素
金粉

STEP BY STEP

巧克力模上色

01

詳細操作流程參考P81步驟1-5，製作上色用色素（紅）。用手指沾取紅色在模型底部抹勻待乾燥。

02

加入少許金粉，蓋上上殼模型接合處密合後上下搖晃，使金粉分布均勻完成上色。

03

詳細操作流程參考P78步驟1-7，用調溫過黑巧克力完成外殼的製作。

紅豆甘納許

04
牛奶巧克力、可可脂用微波加熱到40℃左右。

05
將紅豆泥用微波加熱到40℃，用均質機打均質細緻。

06
將**作法5**倒入**作法4**中混合均勻此時為38℃，待融合加入室溫軟化的奶油攪拌混合。

07
再加入蘭姆酒拌勻，攪拌到完全乳化具光澤，室溫靜置（18～20℃），待溫度降至26～28℃。

▼

填入模塑型

08
巧克力模型中先鋪放3顆蜜紅豆粒。

09
再擠入紅豆甘納許至9分滿，輕敲檯面，使氣泡釋出，平整紅豆甘納許，放置室溫（16～18℃）靜置一晚，待凝固熟成約16小時。

封口、脫模

10
將調溫過黑巧克力淋在**作法9**上、稍震平，表面覆蓋膠片。

11
用巧克力鏟抹平推開到底，完全覆蓋表面，刮除四周多餘巧克力。

12
將模型表面朝下放室溫待確實冷卻凝固，撕除膠片，倒扣模型輕敲使巧克力脫模。

KINMEN

KAOLIANG

LIQUOR

$$\boxed{\text{KINMEN KAOLIANG LIQUOR}}$$

58%微醺

以醺為概念，用L'Opéra「Samana」70%帶有煙燻與莓果風味的巧克力，搭配58%陳年高粱酒來呈現出沉香的悠遠餘韻。可可的風味溫和的包覆酒香，整體更加緩和，完整保留令人驚豔的馥郁香氣。

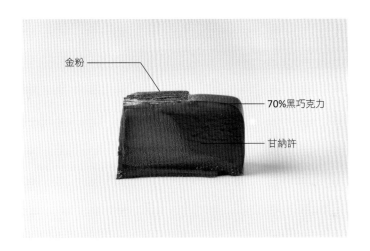

金粉
70%黑巧克力
甘納許

INGREDIENTS （份量／18×18cm正方形框1模）

甘納許

70%黑巧克力........................ 250g
＊L'Opéra「Samana」可可含量70%

動物性鮮奶油 200g
葡萄糖漿 30g
無鹽奶油 40g
58%陳年高粱酒..................... 25g

披覆用

70%黑巧克力
＊L'Opéra「Carupano」可可含量70%

裝飾用
巧克力紋片紙
金粉

甘納許

01
將鮮奶油、葡萄糖漿放入鍋中加熱煮至沸騰,待稍降溫約55℃。

02
將**作法1**倒入已融化的黑巧克力中,用橡皮刮刀攪拌均勻,至乳化,出現光澤、柔滑狀態約38℃。

03
加入室溫軟化的奶油緩緩攪拌勻。

04
再加入陳年高粱酒拌勻。

▼

準備模型

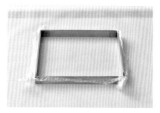

05
備妥18×18cm成型框底部鋪上保鮮膜。

▼

塑型、披覆

06
將甘納許倒入模型中,用刮刀朝四周刮勻,用抹刀將表面刮平,平整表面。

07
將**作法6**放室溫(16~18℃)下靜置一晚,待凝固熟成約24小時。

08
用刀劃開鋁條和甘納許材料的接縫，脫取下模框。

09
用抹刀在表面塗上薄薄一層的調溫過黑巧克力，待凝固。

10
用溫熱過的刀切割，分切成2.5×2.5cm的方形。

11
間隔地擺放，室溫靜置約24小時。

12
用巧克力叉平置甘納許（塗膜面朝上），浸入調溫過黑巧克力中，使其完全沾裹上巧克力，再撈取出。

13
輕敲使多餘的巧克力滴落，並將多餘的巧克力刮除。

▼

裝飾完成

14
間隔地擺放膠片紙上，趁未凝固前將裁剪好的巧克力紋片紙放在表面1/2處。

15
待凝固後，撕取下紋片紙，薄刷金粉即可。

Point 利用筆刷在凹凸的紋路上塗刷上金粉，強化立體層次效果，呈現出漂亮的外型。

SOY SAUCE

029

SOY SAUCE

梵谷星空

星空之謎！內餡醬燒柴魚的味道發想，來自中秋節烤肉的滋味體現，清爽的柴魚香氣為整體的味道點出靈魂重點，也烘托出更豐富的香氣。製作鹹味的甘納許要非常注意鹹度的拿捏，過多會令人難以入口。

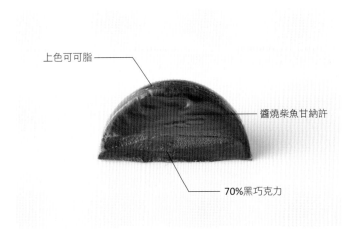

上色可可脂

醬燒柴魚甘納許

70%黑巧克力

INGREDIENTS （份量／直徑3cm圓形模60個）

醬燒柴魚甘納許

70%黑巧克力....................... 200g
＊Cacao Barry「Ocoa」可可含量70%

米酒.................................... 200g
柴魚片 10g
細砂糖 60g
薄鹽醬油............................. 8g
無鹽奶油............................. 30g

外殼用

70%黑巧克力
＊L'Opéra「Carupano」可可含量70%

裝飾用

可可脂
巧克力專用色素

巧克力模上色

01
參考P81步驟1-5，製作上色用
色素（白、黃、紅、藍）。用
牙刷沾上白，以輕彈毛刷的方
式細膩彈上白色圓點。

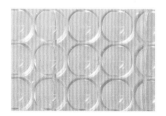

02
待乾燥。

03
依法再上黃色乾燥後，再上紅
色。

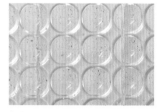

04
待乾燥。

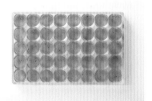

05
用噴槍均勻噴上藍色待乾燥。

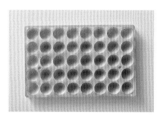

06
再噴上白色塗層，待乾燥完成
上色。

Point 白色塗層乾燥後用刮刀
刮乾淨沾附模具表面多餘的部分
（參見P82，步驟5-9）。

07
參考P78步驟1-7，將調溫黑巧
克力製作完成外殼。

醬燒柴魚甘納許

08
將米酒放入鍋中先加熱煮沸，
放入柴魚片再次煮沸。

09
關火，用網篩過濾出柴魚高湯
約75℃。

10
將細砂糖放入鍋中熬煮至焦糖化。

11
加入醬油、柴魚高湯拌煮均勻。

12
將**作法11**過濾加入黑巧克力中拌混，靜置約2～3分鐘。

13
待其開始融化後用橡皮刮刀攪拌均勻，直到乳化完成，出現光澤、柔滑狀態，此時為38℃。

14
加入室溫軟化的奶油攪拌混合，室溫靜置（18～20℃），待冷卻溫度降至26～28℃。

▼

填入模塑型

15
將**作法14**裝進擠花袋，平穩擠進模型中至約9分滿，拿起模型在桌面輕敲，使氣泡釋出，平整甘納許，放置室溫（16～18℃）靜置一晚，使其凝固熟成約16小時。

▼

封口、脫模

16
將調溫過黑巧克力淋在**作法15**上，表面覆蓋膠片。

17
用巧克力鏟抹平推開到底，完全覆蓋表面，刮除四周多餘巧克力，放室溫待其冷卻凝固，撕除膠片，脫模。

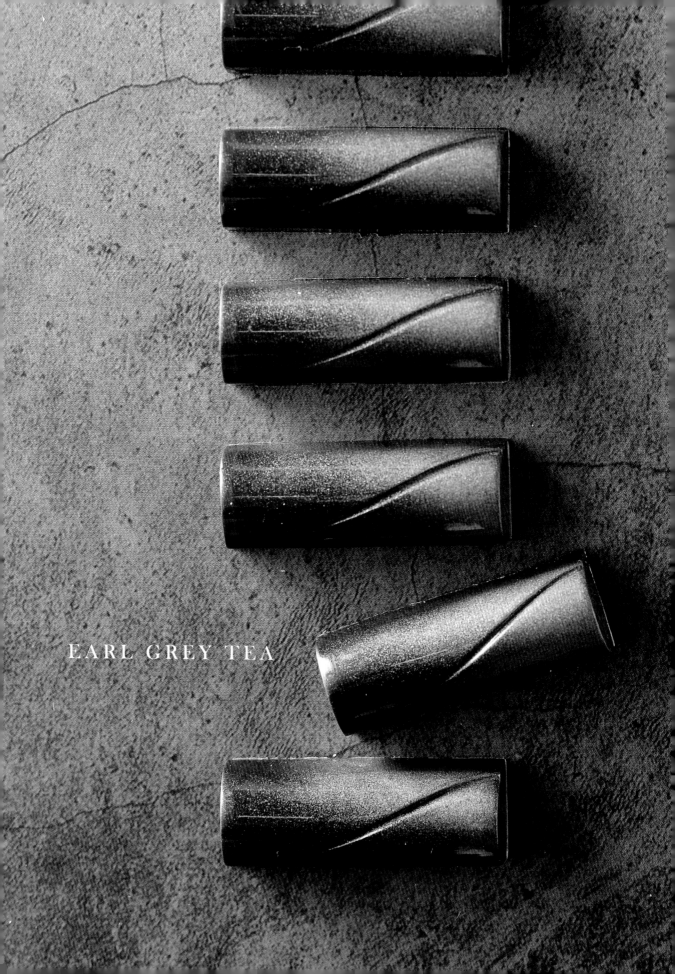

EARL GREY TEA

030

紫 色 月 光

將伯爵茶融入鮮奶油中慢煮粹取滲入的香氣，再與黑巧克力融合。伯爵奶茶遇上巧克力就像是濃縮一口的精緻下午茶！茶類的運用並非每種茶都適合，多數的茶浸泡時間太久會有強烈的苦澀味要特別注意。

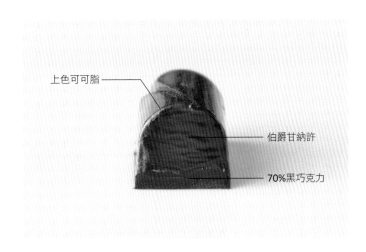

上色可可脂

伯爵甘納許

70%黑巧克力

INGREDIENTS （份量／半圓長條形模型40個）

伯爵甘納許

55%黑巧克力........................ 150g
＊ Michel Cluizel「Elianza Dark」可可
　含量55%

動物性鮮奶油 150g
伯爵茶 15g
蜂蜜 20g

外殼用

70%黑巧克力
＊L'Opéra「Carupano」可可含量70%

裝飾用

可可脂
巧克力專用色素

巧克力模上色

01

詳細操作流程參考P81步驟1-5，製作上色用色素（銀紫）。用噴槍在模型內側噴上銀紫色待乾燥完成上色。

02

詳細操作流程參考P78步驟1-7，用調溫過黑巧克力完成外殼的製作。

▼

伯爵甘納許

03

將動物性鮮奶油、伯爵茶放入鍋中加熱煮沸，待冷卻、冷藏一晚，萃取茶葉精華。

04

將**作法3**溫熱後用網篩過濾，壓住茶葉，擠乾並量稱分量。

05

再添加入動物鮮奶油（分量外）補足分量150g與蜂蜜，再重新加熱煮沸，待稍降溫約75℃。

06

將**作法5**倒入黑巧克力中，靜置約2～3分鐘。

07

待融化後攪拌均勻，至乳化，出現光澤、柔滑狀態約38℃。室溫靜置（18～20℃），待冷卻降溫至26～28℃。

▼

填入模塑型

08

將伯爵甘納許裝進擠花袋，擠進模型中至約9分滿。

09

輕敲檯面（底部隔著軟布墊），使氣泡釋出，平整甘納許。

10

放置室溫（16～18℃）靜置一晚，待凝固熟成約16小時。

▼

封口、脫模

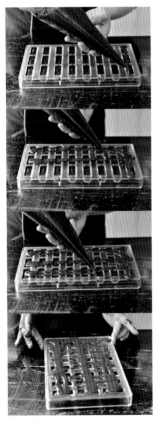

11

將調溫過黑巧克力淋在**作法 10**上，稍震平。

12

表面覆蓋膠片。

Point 封口底層不能太厚會破壞口感；內餡甘納許以填入約9分滿為適宜，封口底層利用膠片來輔助，厚度能控制的較薄且一致。

13

用巧克力鏟抹平推開到底。

14

完全覆蓋表面，刮除四周多餘巧克力。

15

將模型表面朝下放室溫待確實冷卻凝固，撕除膠片，倒扣模型輕敲使巧克力脫模。

Point 表面結晶後，再輕敲倒扣一個個從模具中取下。

YUZU

031

柚見藏心

運用柚子皮與柚子汁搭配白巧克力，創造清新、新鮮口感，不只保有酒香與水果香氣，更襯出柚子纖細深度的清香滋味。為了呈現深刻的柚子風味，還調入柚子汁與柚子細粒提升香氣滋味。

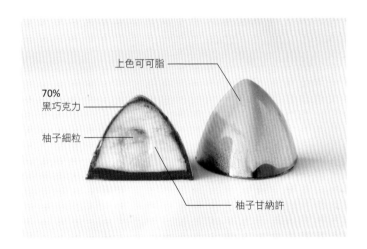

上色可可脂

70%
黑巧克力

柚子細粒

柚子甘納許

INGREDIENTS　（份量／水滴形模30個）

柚子甘納許	夾層用
33%白巧克力........................ 110g	梅園柚子細粒 .... 適量
＊Michel Cluizel「Elianza White」可可含量33%	
可可脂.................................... 20g	外殼用
動物性鮮奶油 80g	70%黑巧克力
柚子皮.................................... 3g	＊L'Opéra「Carupano」可可含量 70%
蜂蜜.. 20g	
柚子酒.................................... 30g	裝飾用
柑曼怡香橙干邑香甜酒 （Grand Marnier）................ 10g	可可脂 巧克力專用色素
柚子汁.................................... 10g	

巧克力模上色

01
詳細操作流程參考P81步驟1-5，製作上色用色素（綠、黃）。用筆刷在模型內側描繪上綠色斑紋，待乾燥。

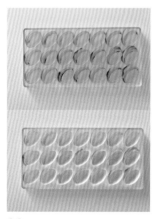

02
用噴槍噴上黃色待乾燥後，再噴上均勻白色塗層，待乾燥完成上色。

Point 白色塗層乾燥後用刮刀刮乾淨沾附模具表面多餘的部分（參見P82，步驟5-9）。

03
詳細操作流程參考P78步驟1-7，將用調溫黑巧克力完成外殼製作。

▼

柚子甘納許

04
柚子刨取外皮部分。將柚子皮屑、鮮奶油、蜂蜜放入鍋中加熱煮至沸騰，離火，用網篩濾取出柚子皮屑，待稍降溫約70℃。

05
將**作法4**過濾倒入白巧克力、可可脂中。

06
靜置約2～3分鐘，待融化後用橡皮刮刀攪拌均勻，至乳化，出現光澤、柔滑狀態約38℃。

07
加入柚子汁、柚子酒、柑曼怡拌勻，室溫靜置（18～20℃），待冷卻降溫至26～28℃。

Point 梅園柚子細粒。

填入模塑型

08
將**作法7**裝進擠花袋,平穩擠
進模型中至模高約1/3。

09
中間放入糖漬柚子細粒。

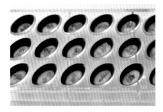

10
再擠入甘納許至9分滿,輕敲
檯面,使氣泡釋出,平整甘納
許。

11
放置室溫(16～18℃)靜置一
晚,待凝固熟成約24小時。

Point 中間的柚子細粒也可用
糖漬橘皮代替,會有不同的風
味。

封口、脫模

12
將調溫過黑巧克力淋在**作法
11**上、稍震平。

13
表面覆蓋膠片。

14
用巧克力鏟抹平推開到底,完
全覆蓋表面,刮除四周多餘巧
克力。

15
將模型表面朝下放室溫待確實
冷卻凝固,撕除膠片,倒扣模
型輕敲使巧克力脫模。

Point 表面結晶後,再輕敲倒扣
一個個從模具中取下。

HONEY

032

HONEY

金燦蜂情

70%Madong黑巧克力帶有煙燻龍眼風味,搭配蜂蜜與花雕酒與花粉單層內餡,三層次階段風味的變化,前中後韻為龍眼蜂蜜、酒香、花香。一款結合在地風味,震撼力十足的迷人風味。

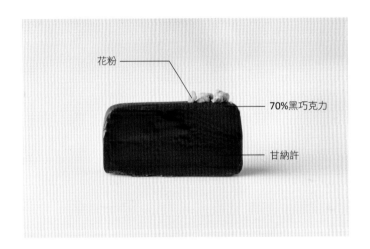

花粉

70%黑巧克力

甘納許

INGREDIENTS　（份量／14.5×14.5正方形框1模）

甘納許

70%黑巧克力........................ 200g
＊L'Opéra「Madong」可可含量70%

動物性鮮奶油 90g
蜂蜜...................................... 100g
無鹽奶油............................... 40g
花雕酒.................................. 10g

披覆用

70%黑巧克力
＊L'Opéra「Carupano」可可含量70%

裝飾用

花粉

甘納許

01
將鮮奶油、蜂蜜放入鍋中加熱煮至沸騰，待稍降溫約70℃。

02
將**作法1**倒入黑巧克力中，靜置約2～3分鐘，待融化後用橡皮刮刀攪拌均勻。

03
直到乳化，出現光澤、柔滑狀態約38℃，加入室溫軟化的奶油慢慢攪拌均勻。

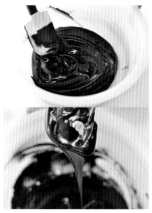

04
最後加入花雕酒拌勻。

Point 未乳化完全的狀態，質地沒有光澤柔滑的質感。

Point 乳化後的甘納許會變成水溶性，此時加入酒等水分物質，也不會形成油水分離。以攤平方式輕輕攪拌，就能攪拌得很均勻。

準備模型

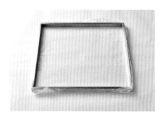

05
備妥14.5×14.5cm成型框底部鋪上保鮮膜。

塑型、披覆

06
將甘納許倒入模型中，用抹刀將表面刮平，放室溫約（16～18℃）靜置一晚，待凝固熟成約24小時。

07
用刀劃開鋁條和甘納許材料的接縫，脫取下模框。

08
在表面淋入調溫過黑巧克力。

09
用抹刀將其攤開抹平成薄薄一層，待凝固。

10
用溫熱過的刀切割，裁切邊緣，切成2×3cm的方形，間隔地擺放，室溫靜置約24小時。

11
用巧克力叉平置甘納許（塗膜面朝上），浸入調溫過黑巧克力中，使其完全沾裹上巧克力，再撈取出。

12
輕敲使多餘的巧克力滴落，刮刀刮除多餘的巧克力。

▼

装飾完成

13
間隔地擺放膠片紙上，在表面一側角撒上花粉，待凝固即可。

$$\boxed{\text{PINEAPPLE}}$$

大地禮讚

黑胡椒、鳳梨組合，靈感來自鳳梨蝦球，多數水果只要經過加熱水果的香氣都會減少，唯獨鳳梨經過熬煮後香氣不減，別具一番滋味。封存圓潤的苦味與酸甜味的夾層內餡口感輕滑柔軟，雙層構造交織出豐富香氣。

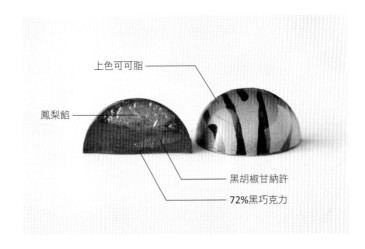

上色可可脂

鳳梨餡

黑胡椒甘納許

72%黑巧克力

INGREDIENTS （份量／直徑3cm圓形模60個）

黑胡椒甘納許

72%黑巧克力 150g
＊Domori「Arriba」可可含量72%

黑胡椒粒 8g
花椒粒 4g
動物性鮮奶油 170g
無鹽奶油 12g

鳳梨餡

鳳梨 500g
細砂糖 175g
香草莢 1/2根
檸檬汁 1顆

外殼用

72%黑巧克力
＊Domori「Apurimac」可可含量72%

裝飾用

可可脂、巧克力專用色素

巧克力模上色

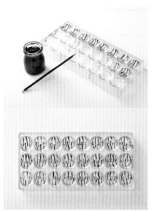

01
詳細操作流程參考P81步驟
1-5，製作上色用色素（紅、
黃、紫）。用筆刷在模型底部
用深紫色先描繪出斑紋，待乾
燥。

02
用噴槍噴上黃色待乾燥。

03
用噴槍噴上紅色待乾燥。

04
再噴上均勻白色塗層，待乾燥
完成上色（參見P82，步驟5-9
操作處理）。

05
詳細操作流程參考P78步驟
1-7，用調溫過黑巧克力完成
外殼的製作。

Point 製作外殼的巧克力用量
應適中，若量太少過薄，會使得
凝固後因收縮不明顯而難以脫
模。

▼

黑胡椒甘納許

06
將黑胡椒粒、花椒粒敲碎，與
鮮奶油放入鍋中加熱煮沸，關
火，蓋上鍋蓋燜約3分鐘。

07
將**作法6**過濾，擠乾並量稱分
量後，再添加入鮮奶油（分
量外）補足分量170g，待稍
降溫約70℃，倒入黑巧克力
中，靜置約2～3分鐘

08
待融化後用橡皮刮刀攪拌均
勻，至乳化，出現光澤、柔滑
狀態約38℃。加入常溫軟化
的奶油攪拌混合，室溫靜置
（18～20℃），待冷卻降溫
至26～28℃。

▼

鳳梨餡

09
鳳梨去皮切成丁狀。將鳳梨
丁、細砂糖、香草莢放入鍋中
熬煮至水分變少、濃稠。

10
加入檸檬汁拌勻。

11
將**作法10**用均質機攪拌均勻成泥狀，即成鳳梨餡。

▼

┌─────────────────┐
│　　填入模塑型　　│
└─────────────────┘

12
將鳳梨餡填入模型中至模高約1/3。

Point 灌模的重點在於先將鳳梨餡倒入約1/3高度的量，再填入黑胡椒甘納許至約9分滿。

13
再擠入黑胡椒甘納許至約9分滿，輕敲檯面，使氣泡釋出，平整甘納許內餡，放置室溫（16～18℃）靜置一晚，待凝固熟成約16小時。

▼

┌─────────────────┐
│　　封口、脫模　　│
└─────────────────┘

14
將調溫過黑巧克力淋在**作法13**上、稍震平。

15
表面覆蓋膠片。

16
用巧克力鏟抹平推開到底，完全覆蓋表面，刮除四周多餘巧克力。

17
將模型表面朝下放室溫待確實冷卻凝固，撕除膠片，倒扣模型輕敲使巧克力脫模。

KUMQUAT
LEMON

034

甘梅青檸

清香微酸金桔、檸檬摻入白巧克力裡，做成溫醇纖細的果香風味，加上梅粉營造畫龍點睛的效果，恰到好處的美妙滋味，富含酸甜香氣，餘韻回甘的在地風味。

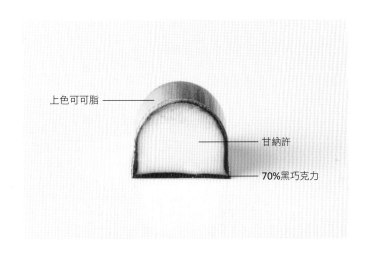

- 上色可可脂
- 甘納許
- 70%黑巧克力

INGREDIENTS （份量／橢圓膠囊形模型50個）

甘納許

33%白巧克力 200g
＊Michel Cluizel「Elianza White」可可含量33%

可可脂 60g
動物性鮮奶油 110g
蜂蜜 40g
檸檬汁 15g
金桔汁 15g
康圖酒 5g
梅子粉 1g

外殼用

70%黑巧克力
＊L'Opéra「Carupano」可可含量70%

裝飾用

可可脂
巧克力專用色素

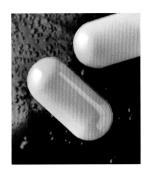

巧克力模上色

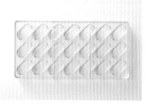

01
詳細操作流程參考P81步驟1-5，製作上色用色素（綠、黃）。用噴槍在模型內側噴上綠色待乾燥。

02
噴上黃色待乾燥。

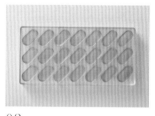

03
再噴上均勻的金綠色乾燥。

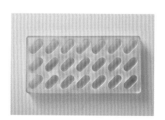

04
噴上均勻的白色塗層待乾燥完成上色。

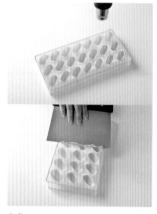

05
用熱風槍與上色模型稍呈距離的稍加熱後，將表面上色的部分用巧克力鏟刮除。

06
再用拭紙巾擦拭乾淨，再使用。

Point 白色塗層乾燥後用刮刀刮乾淨沾附模具表面多餘的部分。

07
詳細操作流程參考P78步驟1-7，用調溫過黑巧克力完成外殼的製作。

甘納許

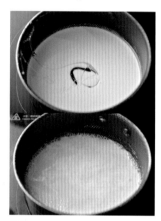

08
將鮮奶油、蜂蜜放入鍋中加熱煮至沸騰，待稍降溫約70℃。

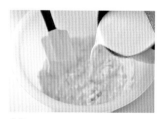

09
倒入白巧克力、可可脂中，靜置約2～3分鐘。

10
待融化後用橡皮刮刀攪拌均勻，至乳化，出現光澤、柔滑狀態，此時約38℃。

11

依序加入金桔汁、檸檬汁、康圖酒、梅子粉攪拌混合均勻，放室溫（18～20℃）靜置，待冷卻降溫至26～28℃。

Point 乳化後的甘納許會變成水溶性，此時加入酒等水分物質，也不會形成油水分離。

▼

┌─────────────┐
│ 填入模塑型 │
└─────────────┘

12

將**作法11**裝進擠花袋，平穩擠進模型中至約9分滿，輕敲檯面，使氣泡釋出，平整甘納許，放置室溫（16～18℃）靜置一晚，待凝固熟成約24小時。

▼

┌─────────────┐
│ 封口、脫模 │
└─────────────┘

13

將調溫過黑巧克力淋在**作法12**上、稍震平。

14

表面覆蓋膠片。

15

用巧克力鏟抹平推開到底，完全覆蓋表面，刮除四周多餘巧克力。

16

將模型表面朝下放室溫待確實冷卻凝固，撕除膠片，倒扣模型輕敲使巧克力脫模。

Point 表面結晶後撕除膠片，再輕敲倒扣一個個從模具中取下。

BROWN
SUGAR

035

┌─────────────┐
│ BROWN SUGAR │
└─────────────┘

熔 岩 雲 石

黑糖、威士忌與巧克力，一系列的黑色搭配表現出非常強烈的風味，一咬開 bonbon軟質的黑糖餡流溢，焦糖餡與甘納許的兩層構造，將苦味與甜味絕美融合，帶出無比的驚奇滋味。

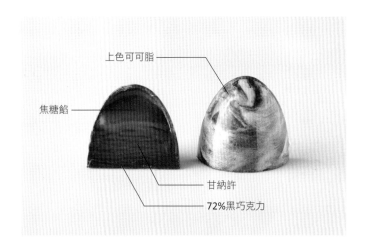

- 上色可可脂
- 焦糖餡
- 甘納許
- 72%黑巧克力

INGREDIENTS （份量／半圓子彈形模60個）

焦糖餡

黑糖.....................................150g
動物性鮮奶油......................150g
無鹽奶油.............................. 50g
蘇格蘭威士忌（Macallan）... 25g
玫瑰鹽.....................................1g

甘納許

72%黑巧克力.......................150g
＊Domori「Apurimac」可可含量72%

動物性鮮奶油......................150g
葡萄糖漿............................... 30g
無鹽奶油............................... 15g

外殼用

72%黑巧克力
＊Domori「Apurimac」可可含量72%

裝飾用

可可脂
巧克力專用色素

巧克力模上色

01
詳細操作流程參考P81步驟1-5,製作上色用色素(銀灰、金)。在模型中滴入適量的銀灰色、金色。

02
用手指塗抹暈開顏色。

03
詳細操作流程參考P78步驟1-7,用調溫過黑巧克力完成外殼的製作。

▼

焦糖餡

04
將鮮奶油加熱煮沸維持溫熱的狀態。

05
將黑糖用小火加熱煮融至焦糖化。

06
分次慢慢加入**作法4**拌勻。

07
將**作法6**過濾後,加入室溫軟化的奶油、玫瑰鹽、威士忌混拌勻,待降溫至26〜28℃。

甘納許

08
將鮮奶油、葡萄糖漿放入鍋中加熱煮至沸騰,待稍降溫約70℃。

09
將**作法8**倒入黑巧克力中,靜置約2～3分鐘,待融化後攪拌均勻,至乳化,出現光澤、柔滑狀態約38℃。

10
加入室溫軟化的奶油慢慢攪拌均勻。

填入模塑型

11
將焦糖餡填入模型中至模高約2/3。

12
再擠入甘納許至約9分滿,輕敲檯面,使氣泡釋出,平整甘納許內餡。放置室溫(16～18℃)靜置一晚,待凝固熟成約16小時。

封口、脫模

13
將調溫過黑巧克力淋在**作法12**上、稍震平,表面覆蓋膠片。

14
用巧克力鏟抹平推開到底,完全覆蓋表面,刮除四周多餘巧克力。

15
將模型表面朝下放室溫待確實冷卻凝固,撕除膠片,倒扣模型輕敲使巧克力脫模。

ROSELLE
MILLET WINE

036

ROSELLE MILLET WINE

洛米娜路彎

洛神花微微的酸與巧克力的甜，加上小米酒迷人的香氣，以及外層包覆的黑巧克力，3種層次分明的特色毫不違和的帶出原住民熱情天性的感染力。

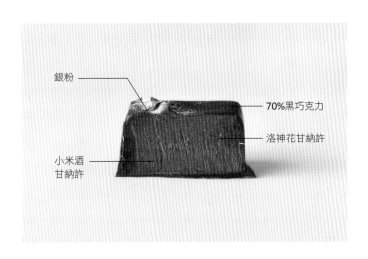

銀粉
70%黑巧克力
洛神花甘納許
小米酒甘納許

INGREDIENTS （份量／18×18cm正方形框1模）

小米酒甘納許

58%黑巧克力......................100g
＊Cacao Barry「Mi-Amère」可可含
　量58%

動物性鮮奶油 50g
葡萄糖漿 10g
無鹽奶油.............................8g
小米酒................................10g

洛神花甘納許

65%黑巧克力......................108g
＊Cacao Barry「Inaya」可可含量
　65%

41%牛奶巧克力.....................66g
＊Cacao Barry「Alunga」可可含量
　41%

動物性鮮奶油 60g
葡萄糖漿 12g
洛神花果泥 105g
細砂糖 15g
無鹽奶油.............................20g
覆盆子白蘭地 10g

外殼用

70%黑巧克力
＊L'Opéra「Carupano」可可含量
　70%

裝飾用

油畫刀
銀粉

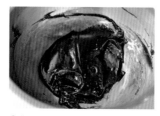

03

將**作法2**倒入黑巧克力中。

04

靜置約2～3分鐘，待融化後用橡皮刮刀攪拌均勻。

前置工作

01

洛神花果泥。將乾燥洛神花50g、水2000g放入鍋中，用小火熬煮至水分剩約1/3，離火，浸泡、待其冷卻，用均質機打成細泥狀。

▼

小米酒甘納許

02

將鮮奶油、葡萄糖漿放入鍋中加熱煮至沸騰，待稍降溫約70℃。

05

直到乳化，出現光澤、柔滑狀態約38℃，加入室溫軟化的奶油慢慢攪拌均勻，加入小米酒拌勻。

▼

洛神花甘納許

06

將鮮奶油、葡萄糖漿放入鍋中加熱煮至沸騰，待稍降溫約70℃。

07

另將**作法1**洛神花果泥、細砂糖放入鍋中加熱煮沸，待稍降溫約70℃。

Point 將鮮奶油與洛神花果泥分開煮再混合，是為了避免洛神花果泥（酸性物質），與鮮奶油中的蛋白質作用產生沉澱物。

08

將**作法7**與黑、牛奶巧克力裝入容器中，再加入**作法6**靜置約2～3分鐘。

09
待融化後攪拌均勻，至乳化完
成，出現光澤、柔滑狀態約
38℃，加入室溫軟化的奶油
攪拌混合。

10
加入覆盆子白蘭地拌勻。

▼

準備模型

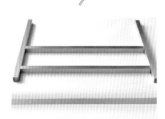

11
將鐵盤表面鋪放上烤盤紙，用
鋁條做出18×18cm成型框。

▼

塑型、披覆

12
將小米酒甘納許先倒入模型
中，厚約0.3cm，抹平、待凝
固。

13
再倒入洛神花甘納許，用抹刀
將表面刮平。

14
平整表面變，放室溫約（16～
18℃）靜置一晚，待凝固熟成
約24小時。

15
用刀劃開鋁條和甘納許材料的
接縫，取除模框。

Point 等甘納許開始凝固後即
可將鋁條拿開，待完全凝固後再
就四周修整切齊。

16
在表面淋入調溫過黑巧克力。

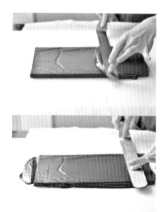

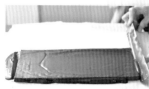

17
用抹刀將其攤開抹平成薄薄一層。

18
待凝固。

19
用溫熱過的刀切割，裁切邊緣，切成2.5×2.5cm的方形，間隔地擺放，室溫靜置約24小時。

20
用巧克力叉平置甘納許（塗膜面朝上），浸入調溫過黑巧克力中，使其完全沾裹上巧克力，再撈取出。

21
輕敲使多餘的巧克力滴落，刮除多餘的巧克力。

▼
裝飾完成

22
間隔地擺放膠片紙上，用油畫刀拉出山稜形。

23
待凝固後，用筆刷刷上銀粉。

Point 巧克力專用色粉。

CARAMEL
HAZELNUT

037

CARAMEL HAZELNUT

甜蜜榛心

鹽味焦糖與榛果帕林雙層內餡的美味組合。用榛果打成細粒與牛奶巧克力混拌，帶出整體濃厚的香氣與堅果特有的風味。鹽味焦糖則是使用大量鮮奶油製作，再以鹽之花作為調味的重點。

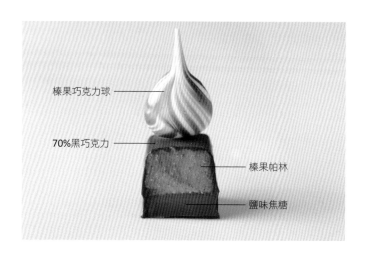

榛果巧克力球

70%黑巧克力

榛果帕林

鹽味焦糖

INGREDIENTS （份量／24×24cm正方形框1個）

鹽味焦糖

動物性鮮奶油 183g
鹽之花 7g
葡萄糖漿 75g
細砂糖 344g
無鹽奶油 150g

榛果帕林

40.5%牛奶巧克力 275g
＊Cacao Barry「Ghana」可可含量
　40.5%

細砂糖 237g
水 66g
榛果 356g

披覆用

70%黑巧克力
＊L'Opéra「Carupano」可可含量
　70%

裝飾用

榛果
白巧克力
黑巧克力
金粉
酒精濃度40%酒

前置工作

01
榛果不要重疊攤開烤盤上，放入烤箱用上火180℃／下火150℃，烤約20分鐘烤熟。

02
詳細操作流程參考P65-66步驟1-9，分別將黑、白巧克力調溫。

Point 沾裹用的黑、白巧克力分別為：
- 70%黑巧克力（L'Opéra「Carupano」可可含量70%
- 35%白巧克力（Valrhona「Ivoire」可可含量35%

榛果巧克力球

03
將烤熟的榛果底部用牙籤串插固定。

04
在調溫過的白巧克力中，以直線交叉來回的方式擠入黑巧克力線條。

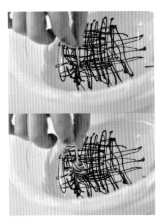

05
將串插好的榛果完全浸入巧克力入中，旋轉的拉取出。

06
做出雙色螺旋大理石紋，固定在保麗龍上（球體朝下），使巧克力自然滴落，待凝固即可。

榛果帕林

07
將細砂糖、水放入鍋中用中小火攪拌煮至糖融解。

08
將烤好榛果加入**作法7**中攪拌至沾裹勻糖汁。

09
轉中火不停攪拌到形成粉狀結晶。

10
直到糖融化形成焦糖。

11
將榛果倒在矽膠墊上迅速攤展撥開。

12
用調理機攪打細碎成濃稠膏狀。

13
將調溫過牛奶巧克力倒入**作法12**中。

14
混合攪拌均勻（兩種混合材料的溫度需相同）。

鹽味焦糖

15
將鮮奶油放入鍋中加熱煮至沸騰。

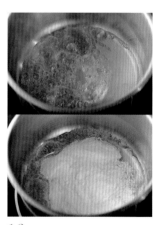

16
另將葡萄糖漿加熱煮融，分次加入細砂糖沿著鍋邊往中間撥動。

17
煮至焦糖化。

18
將**作法15**一邊攪拌一邊慢慢加入到**作法17**中拌煮混合。

19
不停拌煮至126℃，濃稠狀態。

20
立即加入冷藏、切成丁狀的奶油攪拌混合。

21

至奶油融化為小塊狀，最後加入鹽之花拌勻，離火（配方中鹽含量高，不適合與鮮奶油一起煮，因此最後加入拌勻即可）。

▼

準備模型

22

備妥24×24cm成型框底部鋪上保鮮膜。

▼

塑型、披覆

23

將**作法21**鹽味焦糖倒入模型中待冷卻，再倒入榛果帕林，用抹刀將表面刮平。

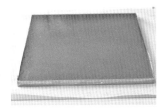

24

放室溫（16～18℃）靜置一晚，待凝固熟成約12小時。

25

用刀劃開鋁條和甘納許材料的接縫，脫取下模框。在表面淋入調溫過黑巧克力，將其攤開抹平成薄薄一層，待凝固。

26

用溫熱過的刀裁切邊緣，切成1.5×4cm的方形，間隔地擺放，室溫靜置約24小時。

27

用巧克力叉平置甘納許（塗膜面朝上），浸入調溫過黑巧克力中。

28

呈水平壓下，使其完全沾裹上巧克力，再撈取出。

29

將巧克力叉輕敲使多餘的巧克力滴落，刮除多餘的巧克力。

▼

裝飾完成

30

間隔地擺放膠片紙上，放上裝飾用榛果巧克力球，待凝固，用筆刷沾上調勻的金粉，描繪出幸運草圖樣。

LATTE

038

LATTE

皇家俄羅斯球

使用巧克力球，填滿口感香醇柔細的甘納許夾心，運用黑、白雙色巧克力的結合，營造出大理石般美麗紋理。一顆顆灌注甜心內餡，精心成製的美麗結晶。

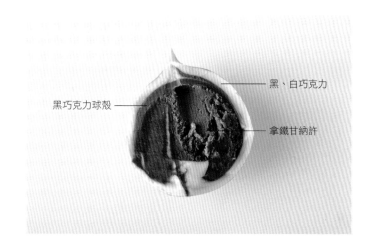

黑巧克力球殼

黑、白巧克力

拿鐵甘納許

INGREDIENTS （份量／30個）

球殼

黑巧克力球殼 30個

拿鐵甘納許

55%黑巧克力........................ 150g
＊Michel Cluizel「Elianza Dark」可可
　含量55%

動物性鮮奶油 35g
蜂蜜... 15g
濃縮咖啡.................................... 35g
無鹽奶油.................................... 10g
咖啡酒....................................... 15g

沾裹用

70%黑巧克力
＊L'Opéra「Carupano」可可含量
　70%

35%白巧克力
＊Valrhona「Ivoire」可可含量35%

拿鐵甘納許

01
將鮮奶油、蜂蜜、濃縮咖啡放入鍋中加熱煮至沸騰，待稍降溫約70℃。

02
將**作法1**倒入黑巧克力中，靜置約2～3分鐘。

03
待融化後用橡皮刮刀攪拌混合均勻。

04
攪拌至乳化，出現光澤、柔滑狀態約38℃。

05
加入室溫軟化的奶油慢慢攪拌均勻，加入咖啡酒拌勻。

▼

填入餡心

06
備妥黑巧克力球殼。

07
將拿鐵甘納許裝進擠花袋，擠入黑巧克力球殼至約9分滿，在檯面輕敲，使氣泡釋出，平整甘納許內餡。

08
待拿鐵甘納許略凝固，插放上棒棒糖棒，放置室溫（16～18℃）靜置一晚，待凝固熟成約24小時。

沾裹巧克力

09

參考P65-66步驟1-9,分別將裝飾用的黑、白巧克力調溫。在調溫過白巧克力中以直線交叉來回的方式擠入黑巧克力線條。

Point 沾裹用的黑、白巧克力分別為:

・70%黑巧克力(L'Opéra「Carupano」可可含量70%
・35%白巧克力(Valrhona「Ivoire」可可含量35%

10

將**作法8**串插好的球殼完全浸入巧克力入中。

11

旋轉的拉取出。

12

做出雙色螺旋大理石紋。

成型

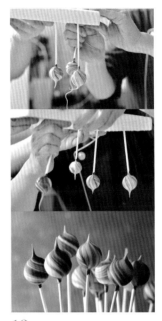

13

固定在保麗龍上(球體朝下),使巧克力自然滴落,待凝固即可。

Point 外型的裝飾,除了營造視覺上的效果,最主要的是為了烘托出拿鐵咖啡的濃醇滋味。

MULLET
ROE

039

MULLET ROE

海洋之歌

美麗的意外！以黑巧克力為基底，加入高粱炙燒的烏魚子，帶出特別的層次口感，適度的鹹香度與巧克力的苦甜相當合拍，令人驚艷的絕妙滋味。

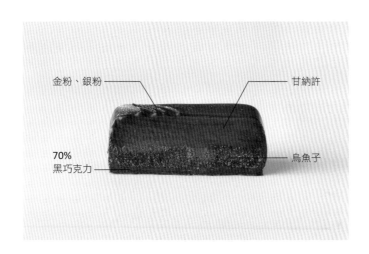

金粉、銀粉 ——

—— 甘納許

70%
黑巧克力 ——

—— 烏魚子

INGREDIENTS （份量／18×18cm正方形框1模）

甘納許

70%黑巧克力......................... 115g
＊L'Opéra「Samana」可可含量70%

動物性鮮奶油 85g
葡萄糖漿 15g
無鹽奶油 30g
穀麴釀 30g

夾層用

烏魚子 .... 適量
高粱酒 .... 適量

外殼用

70%黑巧克力
＊L'Opéra「Carupano」可可含量
　70%

裝飾用

金粉、銀粉

炙燒烏魚子

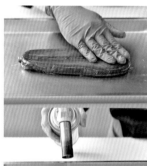

01
將烏魚子兩面抹上高粱酒，用火烤炙燒兩面。

02
剝除外膜，切成厚度一致的薄片，平置鋪放模型底部，備用。

甘納許

03
將鮮奶油、葡萄糖漿放入鍋中加熱煮至沸騰，待稍降溫約70℃。

04
將**作法3**倒入黑巧克力中，靜置約2～3分鐘，待融化後用橡皮刮刀攪拌均勻。

05
直到乳化，出現光澤、柔滑狀態約38℃，加入室溫軟化的奶油慢慢攪拌均勻。

06
再加入穀麴釀拌勻。

塑型、披覆

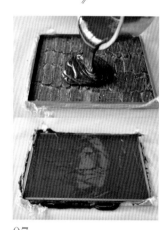

07
將甘納許倒入鋪好烏魚子的模型中，用抹刀將表面刮平，放室溫（16～18℃）靜置一晚，待凝固熟成約24小時。

08
用刀劃開鋁條和甘納許材料的接縫，脫取下模框。

09
在表面淋入調溫過黑巧克力，
用抹刀攤開抹平成薄薄一層。

10
待凝固。

11
用溫熱過的刀切割，裁切邊
緣，切成2×3cm的方形，間
隔地擺放，室溫靜置約24小
時。

12
用巧克力叉平置甘納許（塗膜
面朝上），浸入調溫過黑巧克
力中，使其完全沾裹上巧克
力，再撈取出。

13
輕敲使多餘的巧克力滴落，刮
除多餘的巧克力。

装飾完成

14
間隔地擺放膠片紙上，用花嘴
在表面輕壓出弧線，待凝固，
薄刷上銀粉、金粉。

LEMON
PEACH

040

LEMON PEACH

青空綺想

　繽紛的外觀也是一種美味。彩繪與三色做出漸層後再以白色為底烘托出夢幻疊層感；內層是檸檬甘納許，結合水蜜桃果醬，以兩層的口感創造入口時的融合感。

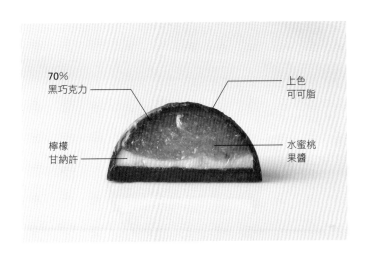

70%
黑巧克力

上色
可可脂

檸檬
甘納許

水蜜桃
果醬

INGREDIENTS　（份量／直徑3cm圓形模60個）

檸檬甘納許

35%白巧克力 140g
＊ Valrhona「Ivoire」可可含量35%

可可脂 20g
動物性鮮奶油 80g
蜂蜜 30g
檸檬皮 1/2個
檸檬汁 30g

水蜜桃果醬

水蜜桃 600g
細砂糖 210g
檸檬汁 .... 適量

外殼用

70%黑巧克力
＊ L'Opéra「Carupano」可可含量
　 70%

裝飾用

可可脂
巧克力專用色素

247

巧克力模上色

01
詳細操作流程參考P81步驟1-5，製作上色用色素（深紫、黃、藍、紅）。用筆刷在模型底部以深紫色先描繪上海鷗，待乾燥。

02
用噴槍在底部上緣噴上黃色。

03
下緣噴上藍色，待乾燥。

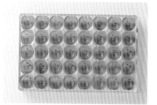

04
中間處噴上紅色。

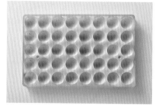

05
噴上均勻白色塗層完成上色。

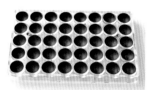

06
詳細操作流程參考P78步驟1-7，用調溫過黑巧克力完成外殼的製作。

▼

水蜜桃果醬

07
水蜜桃洗淨，放入沸水中浸泡約10-30秒，撈出、瀝乾水分，放入冷開水中，剝除外皮，取下果肉、去除果核。

08
水蜜桃果肉淋入檸檬汁（減緩氧化褐變），保持果肉的色澤。取外皮與適量的水熬煮，至湯汁呈現果皮的色澤（果皮會釋出色素與果膠），關火，用網篩過濾出湯汁。

09
將萃取的湯汁、水蜜桃果肉、細砂糖放入鍋中熬煮至濃稠，用均質機攪打細緻。

▼

檸檬甘納許

10
將鮮奶油、蜂蜜放入鍋中加熱煮至沸騰。

11
將**作法10**倒入混合的白巧克力、可可脂中，靜待約2～3分鐘。

12
待融化後用橡皮刮刀攪拌均勻，至乳化，出現光澤、柔滑狀態約38℃。

13
加入檸檬汁、檸檬皮屑攪拌混合均勻，放置室溫（18～20℃）靜置，待冷卻降溫至26～28℃。

▼

┌─────────────┐
│ **填入模塑型** │
└─────────────┘

14
將水蜜桃餡填入模型中至模高約2/3。

15
再擠入檸檬甘納許至約9分滿，輕敲檯面，使氣泡釋出，平整水餡，放置室溫（16～18℃）靜置一晚，待凝固熟成約24小時。

▼

┌─────────────┐
│ **封口、脫模** │
└─────────────┘

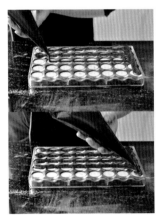

16
將調溫黑巧克力淋在**作法15**上、稍震平。

17
表面覆蓋膠片。

18
用巧克力鏟抹平推開到底，完全覆蓋表面，刮除四周多餘巧克力。

19
將模型表面朝下放室溫待確實冷卻凝固，撕除膠片。

20
倒扣模型輕敲使巧克力脫模即可。

RAISINS RUM

041

RAISINS RUM

醇釀葡萄

葡萄乾先用蘭姆酒漬泡後使用，更添風味與口感；填充巧克力球內做成風味口感十足的餡心，結合巧克力的塑型，捏塑出藤蔓，更加生動有型。

黑巧克力球殼

甘納許

酒漬葡萄

70%
黑巧克力

INGREDIENTS （份量／40個）

球殼
黑巧克力球殼 40個

甘納許
38%牛奶巧克力 250g
＊ Domori「Morogoro」可可含量
38%

動物性鮮奶油 90g
葡萄糖漿 10g
無鹽奶油 10g
蘭姆酒 20g

酒漬葡萄
酒漬葡萄乾 .... 適量

封口用
70%黑巧克力
＊ L'Opéra「Carupano」可可含量
70%

裝飾用
黑巧克力
金粉、銀粉

圓形底座

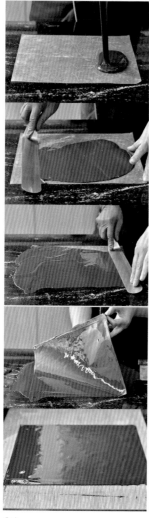

01
參考P65-66步驟1-9，黑巧克力進行調溫。將調溫黑巧克力淋在膠片上，用抹刀迅速攤開抹平。

02
用花嘴壓塑出圓形輪廓，表面隔層紙並壓上木板待定型，完成直徑1.5cm黑巧克力圓形片。

▼

酒漬葡萄

03
將葡萄乾與蘭姆酒浸泡至入味約1星期。

04
備妥黑巧克力球殼。

05
將酒漬葡萄乾先放入黑巧克力球殼中。

▼

甘納許

06
將鮮奶油、葡萄糖漿放入鍋中加熱煮至沸騰，待稍降溫約70℃。

07
將**作法6**倒入牛巧克力中，靜置約2～3分鐘，待融化後用橡皮刮刀攪拌均勻。

08

直到乳化，出現光澤、柔滑狀態約38℃，加入室溫軟化的奶油慢慢攪拌勻，加入蘭姆酒拌勻。

▼

填餡

09

將**作法8**裝進擠花袋，擠入黑巧克力球殼至約9分滿，輕敲檯面，使氣泡釋出，平整甘納許內餡，放置室溫（16～18℃）靜置一晚，待凝固熟成約24小時。

Point 輕震敲的動作可去除多餘的空氣，表面較不容易出現氣泡。

▼

裝飾、封口

10

將少許黑巧克力擠在圓形底座。

11

再將夾心巧克力球黏貼固定於圓形底座，待凝固定型。

12

將黑巧克力放入調理機中，攪打至軟硬度適中（可捏塑的質地狀態）。捏塑出葡萄葉子、小圓粒與葡萄藤。用筆刷刷上金粉與銀粉裝飾。

13

用少許調溫過黑巧克力封口，並在巧克力球上黏貼組合葉子、小圓粒成葡萄串狀及葡萄藤，凝固即可。

Index **本書使用的巧克力**（品牌一覽表）

Belcolade

種類	品名	可可含量	說明
黑巧克力	Noir Pur Amer	73%	風味：可可

Cacao Barry

種類	品名	可可含量	說明
黑巧克力	Ocoa	70%	Q 發酵系列 風味：可可、果酸
	Inaya	65%	Q 發酵系列 風味：可可、果酸 可可固形物含量高，適合甘納許、慕斯等糕點
	Mi-Amère	58%	風味：可可、香草
牛奶巧克力	Alunga	41%	Q 發酵系列 風味：可可、牛奶
	Ghana	40.5%	產地：迦納 風味：焦糖、牛奶

Domori

種類	品名	可可含量	說明
黑巧克力	Morogoro	100%	產地：坦尚尼亞 風味：香料、木質尾韻回甘
	Apurimac	72%	產地：祕魯 風味：花香、堅果、焦糖、柑橘果酸
	Sambirano	72%	產地：馬達加斯加 風味：堅果、紅莓果酸
	Arriba	72%	產地：厄瓜多 風味：煙燻、堅果、香蕉
	Arriba	56%	產地：厄瓜多 風味：煙燻、堅果、香蕉
牛奶巧克力	Morogoro	38%	產地：坦尚尼亞 風味：奶味馥郁
白巧克力	White chocolate	35%	風味：鮮奶油、甜味清爽

Michel Cluizel

種類	品名	可可含量	說明
黑巧克力	Elianza Dark	55%	風味：可可、果酸
白巧克力	Elianza White	33%	風味：乳香、香草

L'Opéra

種類	品名	可可含量	說明
黑巧克力	Carupano	70%	產地：委內瑞拉 風味：木質、堅果
	Madong	70%	產地：巴布亞新幾內亞 風味：煙燻龍眼、柑橘果酸
	Samana	70%	產地：多明尼加共和國 風味：煙燻、莓果酸
	Tannea	70%	產地：馬達加斯加 風味：蜂蜜、柑橘
牛奶巧克力	Tannea	43%	產地：馬達加斯加 風味：蜂蜜、堅果
白巧克力	Concerto	32%	風味：牛奶

Valrhona

種類	品名	可可含量	說明
黑巧克力	Guanaja	70%	產地：南美洲 風味：可可、花香、果香
	Alpaco	66%	產地：厄瓜多 風味：木質、茉莉花與柳橙花香
	Manjari	64%	產地：馬達加斯加 風味：可可、莓果果酸
牛奶巧克力	Jivara Lactee	40%	產地：厄瓜多 風味：香草、焦糖香
	Caramélia	36%	風味：焦糖、脆餅
白巧克力	Ivoire	35%	風味：新鮮鮮奶、香草

參考文獻

註1　巧克力 作者Sophie D.Coe及Michael D.Coe 譯者蔡珮瑜 2001 藍鯨出版
　　　巧克力製作 作者廖漢雄 2005 品度股份有限公司
　　　巧克力專業師傅的巧克力 著者 土屋公二 譯者 曾鑠惠 2008台灣東販股份有限公司
　　　西點烘焙專業字典 編者品度股份有限公司 2005品度股份有限公司
　　　尋味巧克力 作者武田尚子 譯者洪于秀 2017 時報文化出版企業股份有限公司
　　　味覺醒！小山進的頂級食感巧克力 作者 小山進 譯者蕭雲菁 2014 台灣東販股份有限公司
　　　食物與廚藝「麵食、醬料、甜點、飲料」作者哈洛德.馬基（Harold MzGee）譯者蔡承志 2010 大家出版:遠足文化發行
　　　食物與廚藝「奶、蛋、魚、肉」作者哈洛德.馬基（Harold MzGee）譯者邱文寶、林慧珍 2009 大家出版：遠足文化發行
註2　邱展臺、劉芳怡、蔡雅琴 2016淺談國內可可產業 種苗科技專訊 No.94 p19-22
註3　顏文俊 2016可可產業培力計畫，神仙美食巧克力（製作原理與品管）課程講義
註4　Motamayor JC, Lachenaud P, da Silva e Mota JW, Loor R, Kuhn DN, Brown JS, Schnell RJ: Geographic and genetic population differentiation of the Amazonian chocolate tree （Theobroma cacao L）. PLoS ONE 2008, 3: e3311
註5　何孟勳 2015 可可樹栽培、整枝修剪技巧 高雄區農業專訊 第92期 p22~24
註6　蔡雅琴、周佳霖、劉芳怡、邱展臺 2018可可嫁接技術 種苗科技專訊 No.102 p15~17
註7　蘇南維 2016可可產業培力計畫 可可發酵 課程講義
　　　食品標示諮詢服務平台

國家圖書館出版品預行編目（CIP）資料

頂級食感 精品巧克力手作全書／黎玉璽著 . -- 初版 . -- 臺
    北市：原水文化出版：英屬蓋曼群島商家庭傳媒股份有限
    公司城邦分公司發行, 2021.2
    面；　公分 . --（烘焙職人系列；13）
    ISBN 978-986-99816-4-4（平裝）
    1. 巧克力　2. 點心食譜

427.16   110000497

烘焙職人系列 013

頂級食感 精品巧克力手作全書

作　　　　者／黎玉璽
特 約 主 編／蘇雅一
責 任 編 輯／潘玉女

行 銷 經 理／王維君
業 務 經 理／羅越華
總 編 輯／林小鈴
發 行 人／何飛鵬
出　　　　版／原水文化
　　　　　　　台北市民生東路二段 141 號 8 樓
　　　　　　　電話：02-25007008　　傳真：02-25027676
　　　　　　　E-mail：H2O@cite.com.tw　　Blog：http:citeh2o.pixnet.net/blog/
　　　　　　　FB 粉絲專頁：https://www.facebook.com/citeh2o/
發　　　　行／英屬蓋曼群島商家庭傳媒股份有限公司城邦分公司
　　　　　　　台北市中山區民生東路二段 141 號 11 樓
　　　　　　　書虫客服服務專線：02-25007718・02-25007719
　　　　　　　24 小時傳真服務：02-25001990・02-25001991
　　　　　　　服務時間：週一至週五 09:30-12:00・13:30-17:00
　　　　　　　讀者服務信箱 email：service@readingclub.com.tw
劃 撥 帳 號／19863813　戶名：書虫股份有限公司
香 港 發 行 所／城邦（香港）出版集團有限公司
　　　　　　　地址：香港灣仔駱克道 193 號東超商業中心 1 樓
　　　　　　　Email：hkcite@biznetvigator.com
　　　　　　　電話：(852)25086231　　傳真：(852) 25789337
馬 新 發 行 所／城邦（馬新）出版集團 Cite (Malaysia) Sdn. Bhd.
　　　　　　　41, Jalan Radin Anum, Bandar Baru Sri Petaling,
　　　　　　　57000 Kuala Lumpur, Malaysia.
　　　　　　　電話：(603) 90578822　　傳真：(603) 90576622
　　　　　　　電郵：cite@cite.com.my

美 術 設 計／陳育彤
攝　　　　影／周禎和
製 版 印 刷／卡樂彩色製版印刷有限公司

城邦讀書花園
www.cite.com.tw

初　　　　版／2021 年 2 月 3 日
定　　　　價／700 元

ISBN　978-986-99816-4-4